JN172999

第三級海上特殊無線技士

# 法規・無線工学

一般財団法人
情報通信振興会

# は　じ　め　に

　本書は、電波法第41条第2項第2号の規定に基づく無線従事者規則第21条第1項第10号の規定により告示された無線従事者養成課程用の標準教科書です。

1　本書は、第三級海上特殊無線技士用の「法規・無線工学」の標準教科書であって、総務省が定める無線従事者養成課程の実施要領に基づく授業科目、授業内容及び授業の程度により編集したものです。（平成5年郵政省告示第553号）（最終改正令和5年3月22日）

2　本書には、法規編末に資料として無線従事者免許（再交付）申請書や無線従事者免許証等の様式、その他参考となる事項を収録してあります。

# 目　　次

## 第1編　法　規

# 第2編　無線工学

# 第1編

# 法　　　規

# 第1章　電波法の目的

## 1.1　電波法の目的

　電波法は、第1条に「この法律は、電波の公平かつ能率的な利用を確保することによって、公共の福祉を増進する。」と規定しており、この法律の目的を明らかにしている。

　今日、電波は産業、経済、文化をはじめ社会のあらゆる分野で広く利用され、その利用分野は、陸上、海上、航空、宇宙へと広がり、またその需要は極めて多岐にわたっている。しかし、使用できる電波には限りがあり、また、電波は空間を共通の伝搬路としているので、無秩序に使用すれば、相互に混信するおそれがある。

　したがって、電波法は、無線局の免許を所定の規準によって適正に行うとともに、無線設備の性能（技術基準）やこれを操作する者（無線従事者）の知識、技能について基準を定め、また、無線局を運用するに当たっての原則や手続を定めて電波の公平かつ能率的な利用を確保することによって公共の福祉を増進することを目的としているものである。

　電波の公平な利用とは、利用する者の社会的な地位、法人や団体の性格、規模等を問わず、すべて平等の立場で電波を利用するという趣旨であり、必ずしも早い者勝ちを意味するものではなく、社会公共の利益や利便に適合することが前提となる。また、電波の能率的な利用とは、電波を最も効果的に利用することを意味しており、これも社会全体の必要からみて効果的であるということが前提となるものである。

メモ ────────────────────────────────

## 1.2　電波法令の概要

　電波法令は、電波を利用する社会において、その秩序を維持するための規範であって、上記のように電波利用の基本ルールを定めているのが電波法である。電波の利用方法には様々な形態があり、その規律すべき事項が技術的事項を含め細部にわたることが多いので、電波法においては基本的事項が規定され、細目的事項は政令（内閣が制定する命令）や総務省令（総務大臣が制定する命令）で定められている。これらの法律、政令及び省令を合わせて電波法令と呼んでいる。なお、法律、政令及び省令は、実務的、細目的な事項を更に「告示」に委ねている。第三級海上特殊無線技士の資格に関係のある電波法令の名称は、次のとおりである。（　）内は本書における略称である。

1　電波法　　　　　　　　　　　　　　　　…………… （法）
2　政　令
　(1)　電波法施行令　　　　　　　　　　　　……… （施行令）
　(2)　電波法関係手数料令　　　　　　　　　…… （手数料令）
3　省　令
　(1)　電波法施行規則　　　　　　　　　　　………… （施行）
　(2)　無線局免許手続規則　　　　　　　　　………… （免許）
　(3)　無線設備規則　　　　　　　　　　　　………… （設備）
　(4)　無線局運用規則　　　　　　　　　　　………… （運用）
　(5)　無線従事者規則　　　　　　　　　　　……… （従事者）
　(6)　特定無線設備の技術基準適合証明等に関する規則 ………… （証明）
　(7)　登録検査等事業者等規則　　　　　　　…… （登録検査）

# 1.3 用語の定義

電波法令の解釈を明確にするために、電波法では、基本的な用語について、次のとおり定義している（法2条）。

① 「電波」とは、300万メガヘルツ以下の周波数の電磁波をいう。

② 「無線電信」とは、電波を利用して、符号を送り、又は受けるための通信設備をいう。

③ 「無線電話」とは、電波を利用して、音声その他の音響を送り、又は受けるための通信設備をいう。

④ 「無線設備」とは、無線電信、無線電話その他電波を送り、又は受けるための電気的設備をいう。

⑤ 「無線局」とは、無線設備及び無線設備の操作を行う者の総体をいう。ただし、受信のみを目的とするものを含まない。

⑥ 「無線従事者」とは、無線設備の操作又はその監督を行う者であって、総務大臣の免許を受けたものをいう。

①から⑥までのほか、電波法の条文中においても当該条文中の用語について定義している。また関係政省令においても、その政省令において使用する用語について定義している。

電波法施行規則に規定されている用語の定義のうち、第三級海上特殊無線技士に関係の深いものは、資料1のとおりである。

# 1.4　総務大臣の権限の委任

1　電波法に規定する総務大臣の権限は、総務省令で定めるところにより、その一部が総合通信局長（沖縄総合通信事務所長を含む。以下同じ。）に委任されている（法104条の3、施行51条の15）。

　　例えば、次の権限は、所轄総合通信局長（注）に委任されている。

(1)　固定局、陸上局（海岸局、航空局、基地局等）、移動局（船舶局、航空機局、陸上移動局等）等に免許を与え、免許内容の変更等を許可すること。

(2)　無線局の定期検査及び臨時検査を実施すること。

(3)　無線従事者のうち特殊無線技士（9資格）並びに第三級及び第四級アマチュア無線技士の免許を与えること。

2　電波法令の規定により総務大臣に提出する書類は、所轄総合通信局長を経由して総務大臣に提出するものとし、電波法令の規定により総合通信局長に提出する書類は、所轄総合通信局長に提出するものとされている（施行52条）。

　（注）所轄総合通信局長とは、申請者の住所、無線設備の設置場所、無線局の常置場所、送信所の所在地等の場所を管轄する総合通信局長である（資料2参照）。

# 第2章　無線局の免許

## 2.1　無線局の開設

### 2.1.1　免許制度

無線局を開設しようとする者は、総務大臣の免許を受けなければならない。ただし、発射する電波が著しく微弱な無線局等については、免許を要しない（法4条）。

### 2.1.2　免許申請から免許の付与までの流れ

1　免許申請と申請の審査

　無線局を開設しようとする者（申請者）は、無線局免許申請書に、無線局事項書、工事設計書を添えて、総務大臣に提出しなければならない（法6条）。

　総務大臣は、申請者から提出された免許申請内容について審査を行い、無線設備が法に定める技術基準に適合しているか、周波数の割当てが可能であるか等について審査する（法7条）。

2　予備免許

　審査の結果、その申請が審査の基準に適合していると認めるときは、工事落成の期限、電波の型式及び周波数、識別信号、空中線電力及び運用許容時間を指定して予備免許を与える（法8条）。

3　落成後の検査

　予備免許を受けた者は、工事が落成したときは、その旨を総務大臣に届け出て、無線設備、無線従事者の資格及び員数、時計及び書類について検査（落成後の検査）を受けなければならない（法10条）。

4　免許の付与

　総務大臣は、落成後の検査を行った結果、その無線設備、無線従事者

メモ ──────────────────────────────────

等の各検査項目が法令の規定に違反しないと認めるときは、遅滞なく申請者に対して免許を与える（法12条）。

〔参考〕

1 適合表示無線設備を使用する無線局等は、予備免許から落成後の検査までの手続きを省略して、申請の審査終了後に無線局の免許が与えられる手続きもある。

2 無線局の免許の申請から免許の付与までの一般的な手続、順序の概略は、次のとおりである。なお、無線局の各種の申請及び届出は、電子申請も可能である。

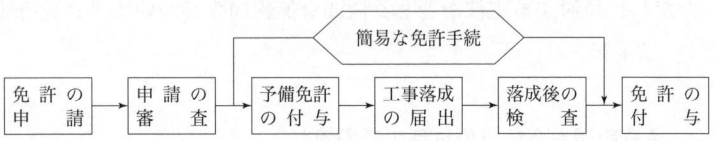

3 免許を要しない無線局

(1) 電波法第4条ただし書によるもの

ア 発射する電波が著しく微弱な無線局で総務省令（施行6条1項）で定めるもの

イ 26.9MHzから27.2MHzまでの周波数の電波を使用し、かつ、空中線電力が0.5ワット以下である無線局のうち、総務省令（施行6条3項）で定めるものであって、電波法の規定により表示が付されている設備（「適合表示無線設備」という。）のみを使用するもの（市民ラジオの無線局）

ウ 空中線電力が1ワット以下である無線局のうち総務省令（施行6条4項）で定めるものであって、電波法第4条の3の規定により指定された呼出符号又は呼出名称を自動的に送信し、又は受信する機能その他総務省令で定める機能を有することにより他の無線局にその運用を阻害するような混信その他の妨害を与えないように運用することができるもので、かつ、適合表示無線設備のみを使用するもの（コードレス電話の無線局及び特定小電力無線局等）

エ 総務大臣の登録を受けて開設する無線局（登録局）

(2) 電波法第4条の2によるもの

ア 本邦に入国する者が自ら持ち込む無線設備（例：Wi-Fi端末等）が電波法第

3章に定める技術基準に相当する技術基準として総務大臣が告示で指定する技術基準に適合する等の条件を満たす場合は、当該無線設備を適合表示無線設備とみなし、入国の日から90日以内は無線局の免許を要しない（要旨）。

イ　実験等に用いる無線設備（携帯電話端末及びWi－Fi端末等に限る。）が適合表示無線設備でない場合であっても我が国の技術基準に相当する技術基準に適合しているときは、一定の条件の下で、その無線設備を使用する実験等無線局は、免許を要しない（要旨）。

4　適合表示無線設備に付されているマークは、次のとおりである（証明　様式7号、14号）。

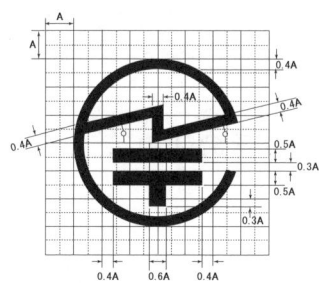

1　マークの大きさは、表示を容易に識別することができるものであること。
2　材料は、容易に損傷しないものであること（電磁的方法によって表示を付す場合を除く。）。
3　色彩は適宜とする。ただし表示を容易に識別することができるものであること。

## 2.2　免許の有効期間

### 2.2.1　免許の有効期間

　免許の有効期間は、免許の日から起算して5年を超えない範囲内において総務省令で定めることとなっており、義務船舶局を除く船舶局及び海岸局等の免許の有効期間は5年である（法13条1項、施行7条）。

〔補足〕

　義務船舶局とは、船舶安全法第4条の規定によって無線設備の施設を義務付けられている船舶の無線局をいい、免許の有効期間は、無期限である。

### 2.2.2 再免許

無線局の免許には、免許の有効期間が無期限である義務船舶局等を除いて免許の有効期間が定められており、その免許の効力は、有効期間が満了すると同時に失効することになる。このため、免許の有効期間満了後も継続して無線局を開設するためには、再免許の手続きを行い新たな免許を受ける必要がある。

再免許とは、無線局の免許の有効期間の満了と同時に、旧免許内容を継続し、そのまま新免許に移し替えるという新たに形成する処分（免許）である。

再免許の申請は、特定の無線局を除き、通常、免許の有効期間満了前3箇月以上6箇月を超えない期間において行わなければならない（免許18条）。

## 2.3　免許状記載事項及びその変更等

### 2.3.1　免許状記載事項

総務大臣は、免許を与えたときは、免許状を交付する。免許状には、次の事項が記載される（法14条1項、2項）（資料3参照）。

1　免許の年月日及び免許の番号
2　免許人の氏名又は名称及び住所
3　無線局の種別
4　無線局の目的(主たる目的及び従たる目的を有する無線局にあっては、その主従の区別を含む。)
5　通信の相手方及び通信事項
6　無線設備の設置場所
7　免許の有効期間
8　呼出名称
9　電波の型式及び周波数
10　空中線電力

11 運用許容時間

〔補足〕

上記8の呼出名称については、電波法第14条第2項の規定により、識別信号（呼出符号（標識符号を含む。）、呼出名称その他の総務省令で定める識別信号）を記載することになっているが、第三級海上特殊無線技士に関係の深い無線局においては、識別信号の中の呼出名称が主として使用されるので、理解を容易にするために呼出名称と記載する。

第1編法規の2.1.2の2、2.3.2の2、5.1.2、5.2.3、5.2.4及び5.2.5に記載されている呼出名称についても同様である。

## 2.3.2 指定事項又は無線設備の設置場所の変更等

### 1 無線設備の設置場所の変更等

(1) 免許人は、無線局の目的、通信の相手方、通信事項及び無線設備の設置場所を変更し、又は無線設備の変更の工事をしようとするときは、あらかじめ総務大臣の許可を受けなければならない（17条1項）。

(2) 無線設備の変更の工事であって、総務省令で定める軽微な事項のものについては、許可を受けることは要しないが、変更の工事を行ったときは、遅滞なくその旨を総務大臣に届け出なければならない（法17条3項、9条1項ただし書、2項）。

(3) (1)の変更は、周波数、電波の型式又は空中線電力に変更を来すものであってはならず、かつ、電波法に定める技術基準に合致するものでなければならない（法17条3項、9条3項）。

(注) 周波数等に変更を来す場合は、2の指定事項の変更の手続が必要となる。

### 2 指定事項の変更

総務大臣は、免許人又は予備免許を受けた者が呼出名称、電波の型式、周波数、空中線電力又は運用許容時間の指定の変更を申請した場合において、混信の除去その他特に必要があると認めるときは、その指定を変更することができる（法19条）。

# 2.4　無線局の廃止

## 2.4.1　廃止届

1　免許人は、その無線局を廃止するときは、その旨を総務大臣に届け出なければならない（法22条）。

2　免許人が無線局を廃止したときは、免許はその効力を失う（法23条）。

## 2.4.2　電波の発射の防止及び免許状の返納

　免許がその効力を失ったときは、免許人であった者は、次の措置をとらなければならない。

1　1箇月以内に免許状を返納すること（法24条）。

2　遅滞なく、空中線の撤去その他の総務省令で定める電波の発射を防止するために必要な措置（次表に船舶局等の無線設備を抜粋した。）をとること（法78条、施行42条の4）。

| 無線設備 | 必要な措置 |
|---|---|
| 携帯用位置指示無線標識、衛星非常用位置指示無線標識、捜索救助用レーダートランスポンダ、捜索救助用位置指示送信装置、航海情報記録装置又は簡易型航海情報記録装置を備える衛星位置指示無線標識 | 電池を取り外すこと。 |
| その他の無線設備 | 空中線を撤去すること。 |

# 第3章　無線設備

　無線設備とは、「無線電信、無線電話その他電波を送り、又は受けるための電気的設備」をいう（法2条4号）。また、無線設備は無線設備の操作を行う者とともに無線局を構成する物的要素である。

　無線局の無線設備の良否は、電波の能率的な利用に大きな影響を及ぼすものである。このため、電波法令では、無線設備に対して詳細な技術基準を設けている。

## 3.1　電波の質

　送信設備に使用する電波の周波数の偏差及び幅、高調波の強度等電波の質は、総務省令（無線設備規則）で定めるところに適合するものでなければならない（法28条）。

### 3.1.1　周波数の偏差

　周波数の偏差とは、無線局の空中線から発射される電波の周波数とその無線局に指定された周波数とのずれ（偏差）をいう。

### 3.1.2　周波数の幅

　情報を送るための電波は、搬送波の上下の側波帯となって発射される。周波数の幅とは、側波帯の最も高い周波数から最も低い周波数までの幅をいう。

### 3.1.3　高調波の強度等

　送信機で作られ空中線から発射される電波には、搬送波（無変調）のみの発射又は所要の情報を送るために変調された電波の発射のほかに、不必要な高調波（基本波の2倍、3倍、…、n倍）発射、低調波（基本波の

メモ

1/2倍、1/3倍、…、1/n倍）発射、寄生発射等の不要発射が同時に発射される。高調波の強度等とは、この不要発射の電波の強さをいう。

## 3.2 遭難自動通報設備

1　遭難自動通報設備とは、船舶が遭難した場合に遭難船舶の位置の決定を容易にするための信号を自動的に送信する無線設備の総称である。本船上のほか救命艇や救命いかだの上、又は海面上において使用でき、自動的に又は簡単な操作で作動するようになっている。

遭難自動通報設備には、電波法令上、次の四つの設備がある（施行2条1項）。

(1)　携帯用位置指示無線標識（PLB）

人工衛星局の中継により、及び航空機局に対して、電波の送信の地点を探知させるための信号を送信する遭難自動通報設備であって、携帯して使用するもの（37号の8）。

(2)　衛星非常用位置指示無線標識（EPIRB）

船舶が遭難した場合に、人工衛星局の中継により、並びに船舶局及び航空機局に対して、当該遭難自動通報設備の送信の地点を探知させるための信号を送信するもの（38号）。

(3)　捜索救助用レーダートランスポンダ（SART）

船舶が遭難した場合に、レーダーから発射された電波を受信したとき、それに応答して電波を発射し、当該レーダーの指示器上にその位置を表示させるもの（39号）。

(4)　捜索救助用位置指示送信装置（AIS-SART）

船舶が遭難した場合に、船舶自動識別装置又は簡易型船舶自動識別装置の指示器上にその位置を表示させるための情報を送信するもの（39号の2）。

2　遭難自動通報設備（携帯用位置指示無線標識を除く。）は、義務船舶

局の無線設備として、船舶及び航行区域の区分に従って設置すべき機器及びその台数が定められている（施行28条）。

〔参考〕

　携帯用位置指示無線標識は、他の遭難自動通報設備と異なり、船舶局又は無線航行移動局の無線設備ではなく、遭難自動通報局の無線設備となる。また、携帯用位置指示無線標識１装置につき１局として免許を申請する。

## 3.3　無線航行設備

レーダー

1　レーダーは、船舶の航行の安全を確保するための設備として今や必要不可欠なものであり、とりわけ夜間や荒天時などの視界不良時に威力を発揮するものである。すなわち、レーダーは、電波の直進性、定速度性及び反射性を利用したものである。船舶において、自船の付近に障害物等があれば、その方位、距離、大きさ等を指示器上に表示し、航行の安全のために大きな役割を果たすものである。

2　電波法令では、レーダーを次のように定義している。

　「決定しようとする位置から反射され、又は再発射される無線信号と基準信号との比較を基礎とする無線測位の設備をいう。」（施行２条１項32号）

3　船舶安全法第２条の規定に基づく命令により船舶に備えなければならないレーダーは、その型式について、総務大臣の行う検定に合格したものでなければ、施設してはならない。ただし、総務大臣が行う検定に相当する型式検定に合格している機器その他の機器であって総務省令（施行11条の５）で定めるものを施設する場合は、この限りでないと規定している（法37条）。

　また、船舶に設置する無線航行のためのレーダーは、無線設備規則第48条に規定する条件に適合するものでなければならない。

〔参考〕 転落時船舶位置通報装置

　この装置は、沿岸の小型漁船などの特定船舶局が乗船者等の転落その他の事故の際に自船の識別や位置を海岸局へ直接データ伝送により通報をするための附属装置である。

　この装置は、Ａ３Ｅ電波26.175MHzを超え28MHz以下の周波数を使用する空中線電力１ワット以下の無線設備（周波数シンセサイザー方式のものに限る。）に接続し、発射する電波の型式はＡ２Ｄによるものとされている。

〔参考〕 電波の型式の表示方法

1　電波の型式とは、発射される電波がどのような変調方法で、どのような内容の情報を有しているかなどを記号で表示することであり、次のように分類し、一定の３文字の記号を組み合わせて表示される（施行４条の２）（資料10参照）。

　　無線局免許状においては、指定周波数の前に記載される。

　　　例　Ａ３Ｅ　27,524kHz　　Ｆ３Ｅ　156.8MHz

　⑴　主搬送波の変調の型式（無変調、振幅変調、角度変調、パルス変調等の別及び両側波帯又は単側波帯等の別、周波数変調又は位相変調等の別）

　⑵　主搬送波を変調する信号の性質（アナログ信号、デジタル信号等の別）

　⑶　伝送情報の型式（無情報、電信、ファクシミリ、データ伝送、遠隔測定又は遠隔指令、電話、テレビジョン又はこれらの型式の組合せの別）

2　電波の型式の例を示すと次のとおりである。

　⑴　アナログ信号の単一チャネルを使用する電話の電波の型式の例

　　　Ａ３Ｅ　振幅変調で両側波帯を使用する電話

　　　Ｊ３Ｅ　振幅変調で抑圧搬送波の単側波帯を使用する電話

　　　Ｆ３Ｅ　周波数変調の電話

　　　Ｈ３Ｅ　振幅変調で全搬送波の単側波帯を使用する電話

　⑵　デジタル信号の単一チャネルを使用し変調のための副搬送波を使用しないものの電波の型式の例

　　　Ｆ１Ｂ　周波数変調の電信で自動受信を目的とするもの

　　　（使用例　デジタル選択呼出し（MF、HF））

⑶　デジタル信号の単一チャネルを使用し変調のための副搬送波を使用するものの

電波の型式の例

　　Ｆ２Ｂ　周波数変調の電信で自動受信を目的とするもの

　（使用例　デジタル選択呼出し（VHF））

⑷　レーダーの電波の型式の例

　　ＰＯＮ　パルス変調で情報を送るための変調信号のない伝送

電波の型式の表示は、資料10のとおり。

# 第4章 無線従事者

　電波の能率的な利用を図るためには、無線設備の操作は専門的な知識の下で適切に行われなければならない。このため電波法では、無線設備の操作は、原則として一定の資格を有する無線従事者でなければ行ってはならないとする資格制度を採用し、無線従事者による無線設備の操作、無線従事者の資格、免許等について規定している。

　なお、無線従事者とは、無線設備の操作又はその監督を行う者であって、総務大臣の免許を受けたものをいう（法2条6号）。

## 4.1　資格制度（主任無線従事者等）

### 4.1.1　無線設備の操作を行うことができる者

　無線局の無線設備の操作は、原則として「一定の資格を有する無線従事者」又は「主任無線従事者（注1）として選任された者であって免許人等（注2）から選任の届出がされたものにより監督を受ける者」でなければ行うことができない（法39条1項）。

　ただし、次の場合は、無線従事者の資格がなくても無線設備の操作を行うことができる。

・免許を要しない無線局や陸上移動業務の無線局等の通信操作などの無線従事者の資格を要しない無線設備の簡易な操作（施行33条）を行うとき。

・非常通信業務を行う場合であって、無線従事者を無線設備の操作に充てることができないとき、又は主任無線従事者を無線設備の操作の監督に充てることができないとき（施行33条の2・1項）。

（注1）：主任無線従事者とは、無線局（アマチュア無線局を除く。）の無線設備の操作の監督を行う者をいう（法39条1項）。

（注2）：免許人等とは、免許人又は登録人をいう（法6条1項）。

メモ ─────────────────────────────────────

### 4.1.2 主任無線従事者等

主任無線従事者の要件、職務等は、次のとおりである。

1　主任無線従事者は、無線設備の操作の監督を行うことができる資格に応じた無線従事者であって、総務省令で定める（電波法違反などの非適格）事由に該当しないものでなければならない（法39条3項）。

2　無線局の免許人等は、主任無線従事者を選任又は解任したときは、遅滞なく、その旨を所定の様式によって総務大臣に届け出なければならない（法39条4項、施行34条の4）（資料9参照）。

3　免許人等は、主任無線従事者以外の無線従事者を選任又は解任したときも同様に届け出なければならない（法51条）（資料9参照）。

4　2により選任の届出がされた主任無線従事者は、無線設備の操作の監督に関し総務省令で定める職務を誠実に行わなければならない（法39条5項）。

5　2により選任の届出がされた主任無線従事者の監督の下に無線設備の操作に従事する者は、その主任無線従事者が職務遂行上の必要があるとしてする指示に従わなければならない（法39条6項）。

6　無線局（総務省令で定めるものを除く。）の免許人等は、主任無線従事者に、一定期間ごとに無線設備の操作の監督に関し総務大臣の行う講習を受けさせなければならない（法39条7項）。

7　電波法施行規則第34条の6に規定されている「特定船舶局」（資料4参照）は、主任講習を要しない無線局とされているので、特定船舶局の主任無線従事者は、講習を受けることを要しない（施行34条の6）。

## 4.2　無線設備の操作及び監督の範囲

無線設備の操作の内容は、通信操作と技術操作の別、無線設備の種類、周波数帯別、空中線電力の大小、業務の区別等によって分類し、資格別に無線設備の操作の範囲を政令（電波法施行令）で定めている（法40条）。第

三級海上特殊無線技士の操作及び操作の監督を行うことのできる範囲は、次のように定められている（施行令3条1項抜粋）。

| 無線局の無線設備 | 通信操作 | | 技術操作 | |
|---|---|---|---|---|
| | 国内通信 | 国際通信 | 5W以下 | 5kW以下 |
| 船舶に施設する5W以下の無線電話（船舶地球局及び航空局の無線電話であるものを除く。）で25,010kHz以上の周波数の電波を使用するもの | ○ | × | ○（注1）<br>（注2） | － |
| 船舶局及び船舶のための無線航行局のレーダー | － | － | － | ○（注1） |

（注1）　無線設備の外部の転換装置で電波の質に影響を及ぼさないものに限る。

（注2）　多重無線設備であるものを除く。

〔参考〕

　国内通信：我が国の無線局相互間で行われる無線通信をいう。

　国際通信：我が国の無線局と我が国の無線局以外の無線局との間で行われる無線通信をいう。

　無線設備の外部の転換装置：無線設備の外部に取り付けられているスイッチ、転換器、調整ツマミ等をいう。

# 4.3　免　許

## 4.3.1　免許の取得

### 1　免許の要件

(1)　無線従事者になろうとする者は、総務大臣の免許を受けなければならない（法41条1項）。

(2)　この無線従事者の免許は、次のいずれかに該当する者でなければ、受けることができない（法41条2項）。

　ア　資格別に行われる無線従事者国家試験に合格した者

イ　無線従事者の養成課程で、総務大臣が総務省令で定める基準に適合すると認定をしたものを修了した者

ウ　学校教育法に基づく学校の区分に応じ総務省令で定める無線通信に関する科目を修めて卒業した者（同法による専門職大学の前期課程にあっては、修了した者）

エ　アからウまでに掲げる者と同等以上の知識及び技能を有する者として総務省令で定める一定の資格及び業務経歴その他の要件を備える者

## 2　免許の申請

　無線従事者の免許を受けようとする者は、無線従事者規則に規定する様式の申請書（資料5参照）に次の書類を添えて、合格した国家試験の受験地又は修了した無線従事者の養成課程の主たる実施の場所を管轄する総合通信局長に提出して行う。また、申請者の住所を管轄する総合通信局長に提出することもできる（従事者46条、施行51条の15、52条）。

(1)　氏名及び生年月日を証する書類（注）

（注）住民票の写し、戸籍抄本等。

　　　住民基本台帳法による住民票コード又は現に有する無線従事者免許証の番号、電気通信主任技術者資格者証の番号若しくは工事担任者資格者証の番号のいずれか一つを記入する場合は、添付を省略できる。

(2)　写真（申請前6か月以内に撮影した無帽、正面、上三分身、無背景の縦30ミリメートル、横24ミリメートルのもので、裏面に申請する資格及び氏名を記載したもの）1枚

(3)　養成課程の修了証明書（養成課程を修了して免許を受けようとする場合に限る。）

(4)　科目履修証明書、履修内容証明書及び卒業証明書等（4.3.1の1の(2)ウに該当する場合）

(5)　医師の診断書（総務大臣又は総合通信局長が必要と認めた場合に限る。）

### 3 免許証の交付

(1) 総務大臣又は総合通信局長は、免許を与えたときは、免許証（資料6参照）を交付する（従事者47条1項）。

(2) (1)により免許証の交付を受けた者は、無線設備の操作に関する知識及び技術の向上を図るよう務めなければならない（従事者47条2項）。

### 4.3.2 欠格事由

1 次のいずれかに該当する者に対しては、無線従事者の免許を与えられない（法42条、従事者45条1項）。

(1) 電波法に定める罪を犯し罰金以上の刑に処せられ、その執行を終わり、又はその執行を受けることがなくなった日から2年を経過しない者（総務大臣又は総合通信局長が特に支障がないと認めたものを除く。）

(2) 無線従事者の免許を取り消され、取消しの日から2年を経過しない者（総務大臣又は総合通信局長が特に支障がないと認めたものを除く。）

(3) 視覚、聴覚、音声機能若しくは言語機能又は精神の機能の障害により無線従事者の業務を適正に行うに当たって必要な認知、判断及び意思疎通を適切に行うことができない者

2 1の(3)に該当する者であって、総務大臣又は総合通信局長がその資格の無線従事者が行う無線設備の操作に支障がないと認める場合は、その資格の免許が与えられる（従事者45条2項）。

3 1の(3)に該当する者（精神の機能の障害により無線従事者の業務を適正に行うに当たって必要な認知、判断及び意思疎通を適切に行うことができない者を除く。）が次に掲げる資格の免許を受けようとするときは、2の規定にかかわらず免許が与えられる（従事者45条3項）。

(1) 第三級陸上特殊無線技士

(2) 第一級アマチュア無線技士

(3) 第二級アマチュア無線技士

(4)　第三級アマチュア無線技士

(5)　第四級アマチュア無線技士

## 4.4　免許証の携帯義務

　無線従事者は、その業務に従事しているときは、免許証を携帯していなければならない（施行38条11項）。

## 4.5　免許証の再交付又は返納

### 4.5.1　免許証の再交付

　無線従事者は、氏名に変更を生じたとき又は免許証を汚し、破り、若しくは失ったために免許証の再交付を受けようとするときは、無線従事者規則で定める様式の申請書（資料5参照）に次の書類を添えて総務大臣又は総合通信局長に提出しなければならない（従事者50条）。

1　免許証（免許証を失った場合を除く。）

2　写真1枚（免許の申請の場合に同じ。）

3　氏名の変更の事実を証する書類（氏名に変更を生じた場合に限る。）

### 4.5.2　免許証の返納

1　無線従事者は、免許の取消しの処分を受けたときは、その処分を受けた日から10日以内にその免許証を総務大臣又は総合通信局長に返納しなければならない。免許証の再交付を受けた後失った免許証を発見したときも同様である（従事者51条1項）。

2　無線従事者が死亡し又は失そうの宣告を受けたときは、戸籍法による死亡又は失そう宣告の届出義務者は、遅滞なく、その免許証を総務大臣又は総合通信局長に返納しなければならない（従事者51条2項）。

# 第5章 運 用

## 5.1 一 般

　船舶局が海岸局や他の船舶局と交信したり、気象に関する情報等を受信することを無線局の運用という。電波法令では、それぞれの無線局の運用が能率的に支障なく行われるように通信方法の規則を定めている。無線局は、運用に当たってこの規則を守らなければならない。もし、これを無視して自分勝手な通信を行うと他の無線局の行う通信に混乱を与える。特に、海上における無線通信には船舶や航空機が遭難した場合等の人命の救助に関して行われる重要な無線通信があり、このような重要な通信に支障を与えるようなことは、絶対にあってはならない。

　無線設備を操作して無線局の運用に直接携わる無線従事者は、一定の知識及び技能を有する者として、通常の通信及び遭難通信等の重要通信を確保する等無線局の適正な運用を図らなければならない。

### 5.1.1 通則

#### 5.1.1.1 目的外使用の禁止

　無線局は、免許状に記載された目的又は通信の相手方若しくは通信事項の範囲を超えて運用してはならない。ただし、次に掲げる通信については、この限りでない（法52条）。

1　遭難通信
2　緊急通信
3　安全通信
4　非常通信
5　放送の受信
6　その他総務省令で定める通信

メモ ―――――――――――――――――――――――――――――――――――

〔補足〕

上記６の総務省令で定める通信のうち、第三級海上特殊無線技士の無線従事者に関係のある海岸局及び船舶局に係る通信の主なものは、次のとおりである（施行37条抜粋）。

1　無線機器の試験又は調整をするために行う通信

2　航行中の船舶内における傷病者の医療手当に関する通信

3　漁業用の海岸局と漁船の船舶局との間又は漁船の船舶局相互間で行う国又は地方公共団体の漁ろうの指導監督に関する通信

4　港務用の無線局と船舶局との間で行う港内における船舶の交通、港内の整理若しくは取締り又は検疫のための通信

5　港則法又は海上交通安全法の規定に基づき行う海上保安庁の無線局と船舶局との間の通信

6　気象の照会又は時刻の照合のために行う通信

7　人命の救助に関し急を要する通信（他の電気通信系統によっては当該通信の目的を達することが困難である場合に限る。）

## 5.1.1.2　免許状記載事項の遵守

### 1　無線設備の設置場所、識別信号、電波の型式及び周波数

無線局を運用する場合においては、次の事項は、免許状等（注）に記載されたところによらなければならない。ただし、遭難通信については、この限りでない（法53条）。

(1)　無線設備の設置場所

(2)　呼出名称

(3)　電波の型式及び周波数

（注）　免許状等とは、無線局の免許状又は登録状をいう（法53条）。

### 2　空中線電力

無線局を運用する場合においては、空中線電力は、次に定めるところによらなければならない。ただし、遭難通信については、この限りでな

い（法54条）。

(1) 免許状等に記載されたものの範囲内であること。

(2) 通信を行うため必要最小のものであること。

## 3 運用許容時間

　無線局は、免許状に記載された運用許容時間内でなければ、運用してはならない。ただし、5.1.1.1に掲げる通信等を行う場合は、運用許容時間外でも運用することが認められている（法55条）。

### 5.1.1.3 混信の防止

　無線局は、他の無線局又は電波天文業務の用に供する受信設備等にその運用を阻害するような混信その他の妨害を与えないように運用しなければならない。ただし、遭難通信、緊急通信、安全通信及び非常通信については、この限りでない（法56条1項）。

### 5.1.1.4 秘密の保護

　何人も法律に別段の定めがある場合（注1）を除いて、特定の相手方に対して行われる無線通信を傍受（注2）してその存在（通信が行われたこと、通信時刻、通信の相手、通信周波数など）若しくは内容を漏らし、又はこれを窃用（注3）してはならない（法59条）。

(注1) 法律に別段の定めがある場合に該当するものとして犯罪捜査のための通信傍受に関する法律等がある。

(注2) 傍受とは、積極的意思をもって、自己に宛てられていない無線通信を受信すること。

(注3) 窃用とは、その通信によって知ることのできた秘密を自己又は第三者の利益のために利用すること。

## 5.1.2　一般通信方法

### 5.1.2.1　無線通信の原則

　無線局は、無線通信を行うときは、次のことを守らなければならない（運用10条）。

1　必要のない無線通信は、これを行ってはならない。

2　無線通信に使用する用語は、できる限り簡潔でなければならない。

3　無線通信を行うときは、自局の呼出名称を付して、その出所を明らかにしなければならない。

4　無線通信は、正確に行うものとし、通信上の誤りを知ったときは、直ちに訂正しなければならない。

〔参考〕

1　無線電話通信の業務用語には、資料7の略語表に定める略語を使用するものとする（運用14条1項）。

2　海上移動業務（例：海岸局と船舶局との間又は船舶局相互間の無線通信）の無線電話通信において、固有の名称、略符号、数字、つづりの複雑な語辞等を1字ずつ区切って送信する場合には、資料8の通話表を使用しなければならない（運用14条3項）。

3　無線電話通信における通報の送信は、語辞を区切り、かつ、明りょうに発音して行わなければならない（運用16条）。

### 5.1.2.2　発射前の措置

1　無線局は、相手局を呼び出そうとするときは、電波を発射する前に、受信機を最良の感度に調整し、自局の発射しようとする電波の周波数その他必要と認める周波数によって聴守し、他の通信に混信を与えないことを確かめなければならない。ただし、遭難通信、緊急通信、安全通信及び非常の場合の無線通信を行う場合は、この限りでない（運用19条の2・1項）。

2　1の場合において、他の通信に混信を与えるおそれがあるときは、そ

の通信が終了した後でなければ呼出しをしてはならない（運用19条の2・2項）。

### 5.1.2.3　連絡設定の方法

**1　呼出し**

(1)　呼出しの方法

海上移動業務における無線電話による呼出しは、次の事項（以下「呼出事項」という。）を順次送信して行うものとする（運用20条1項、58条の11・1項）。

① 　相手局の呼出名称　　　3回以下

② 　こちらは　　　　　　　1回

③ 　自局の呼出名称　　　　3回以下

〔補足〕

1　呼出しの例

① 　にっぽんまる、にっぽんまる、にっぽんまる

② 　こちらは

③ 　とうきょうまる、とうきょうまる、とうきょうまる

2　呼出しは、2分間の間隔を置いて2回反復することができる。また、呼出しを反復しても応答がないときは、少なくとも3分間の間隔を置かなければ呼出しを再開してはならない（運用21条1項、58条の11・1項）。

(2)　呼出しの中止

ア　無線局は、自局の呼出しが他の既に行われている通信に混信を与える旨の通知を受けたときは、直ちにその呼出しを中止しなければならない（運用22条1項）。

イ　アの通知をする無線局は、その通知をするに際し、分で表す概略の待つべき時間を示さなければならない（運用22条2項）。

**2　応　答**

(1)　無線局は、自局に対する呼出しを受信したときは、直ちに応答しな

ければならない（運用23条１項）。

(2)　１の呼出しに対する応答は、次の事項（以下「応答事項」という。）を順次送信して行うものとする（運用23条２項、58条の11・２項）。

① 　相手局の呼出名称　　　３回以下

② 　こちらは　　　　　　　１回

③ 　自局の呼出名称　　　　３回以下

(3)　応答に際して直ちに通報を受信しようとするときは、(2)の応答事項の次に「どうぞ」を送信する。ただし、直ちに通報を受信することができない事由があるときは、「どうぞ」の代わりに「……分間（分で表す概略の待つべき時間）お待ちください」を送信する。概略の待つべき時間が10分以上のときは、その理由を簡単に送信しなければならない（運用23条３項）。

〔補足〕

1　　１の補足の呼出しに対する応答の例（概略の待つべき時間が10分以上の場合）

① 　とうきょうまる、とうきょうまる、とうきょうまる

② 　こちらは

③ 　にっぽんまる、にっぽんまる、にっぽんまる

④ 　15分間お待ちください。こちらは、ただ今から気象警報を受信します。

2　　受信状態の通知

応答する場合において、受信上特に必要があるときは、自局の呼出名称（又は呼出符号）の次に「感度」及び強度を表す数字又は「明瞭度」及び明瞭度を表す数字を送信する（運用23条４項）。

〔例〕　にっぽんまる　にっぽんまる　にっぽんまる　こちらは　とうきょうまる

感度２（又は明瞭度２）　どうぞ

(注)　感度及び明瞭度の表示（運用14条２項、別表２号）

| 〔感度（ＱＳＡ）の表示〕 | 〔明瞭度（ＱＲＫ）の表示〕 |
|---|---|
| 1　ほとんど感じません。 | 1　悪いです。 |
| 2　弱いです。 | 2　かなり悪いです。 |

| | |
|---|---|
| 3 かなり強いです。 | 3 かなり良いです。 |
| 4 強いです。 | 4 良いです。 |
| 5 非常に強いです。 | 5 非常に良いです。 |

## 5.1.2.4 周波数の変更方法

1 混信の防止その他の事情によって通常通信電波以外の電波を用いようとするときは、呼出し又は応答の際に呼出事項又は応答事項の次に次の事項を順次送信して通知するものとする。ただし、用いようとする電波の周波数があらかじめ定められているときは、その電波の周波数の送信を省略することができる（運用27条）。

　　「こちらは……（周波数）に変更します」又は

　　「そちらは……（周波数）に変えてください」　　　　　　　1回

〔補足〕

　1 呼出しに際し、電波の変更を通知する場合の例

　　① にっぽんまる、にっぽんまる、にっぽんまる

　　② こちらは

　　③ とうきょうまる、とうきょうまる、とうきょうまる

　　④ こちらは、〇〇（周波数）に変更します。

　2 通常通信電波とは、通報の送信に通常用いる電波をいう（運用2条）。

2 1の通知に同意するときは、応答事項の次に次の事項を送信するものとする（運用28条1項）。

　① 「こちらは……（周波数）を聴取します。」　　　　　　　1回

　② 「どうぞ」（直ちに受信しようとする場合に限る。）　　　　1回

〔補足〕 同意する場合の例

　　① とうきょうまる、とうきょうまる、とうきょうまる

　　② こちらは

　　③ にっぽんまる、にっぽんまる、にっぽんまる

　　④ こちらは、〇〇（周波数）を聴取します。

⑤　どうぞ

3　1の場合において相手局の用いようとする電波の周波数（又は型式及び周波数）によっては受信できないか又は困難であるときは、応答事項の次に

　　「そちらは、……（周波数）に変えてください」　　　　　　　1回

を送信し、相手局の同意を得た後「どうぞ」を送信するものとする（運用28条2項）。

〔補足〕

1　相手局の用いようとする電波の周波数によっては受信できないか又は困難である場合の例

　①　とうきょうまる、とうきょうまる、とうきょうまる

　②　こちらは

　③　にっぽんまる、にっぽんまる、にっぽんまる

　④　そちらは、……（周波数）に変えてください。

　上記に対し相手局（とうきょうまる）から同意する旨の通知を得た後、次の事項を順次送信する。

　①　とうきょうまる

　②　こちらは

　③　にっぽんまる

　④　どうぞ

4　通信中の周波数の変更

　(1)　通信中において、混信の防止その他の必要により使用電波の周波数の変更を要求しようとするときは、次の事項を送信して行うものとする（運用34条）。

　　　「そちらは……（周波数）に変えてください」又は

　　　「こちらは……（周波数）に変更します」　　　　　　　　　1回

　(2)　上記(1)の要求を受けた無線局は、これに応じようとするときは、「了解」を送信し（通信状態等により必要と認めるときは「こちらは……

（周波数）に変更します」を送信し）、直ちに周波数を変更しなければ
ならない（運用35条）。

## 5.1.2.5　通報の送信方法

### 1　通報の送信

(1)　呼出しに対し応答を受けたときは、相手局が「お待ちください」を
送信した場合及び呼出しに使用した電波以外の電波に変更する場合を
除き、直ちに通報の送信を開始するものとする（運用29条1項）。

(2)　通報の送信は、次の事項を順次送信して行うものとする。ただし、
呼出しに使用した電波と同一の電波により送信する場合は、①から③
までに掲げる事項の送信を省略することができる（運用29条2項）。

① 相手局の呼出名称　　　1回

② こちらは　　　　　　　1回

③ 自局の呼出名称　　　　1回

④ 通報

⑤ どうぞ　　　　　　　　1回

(3)　通報は、「終り」をもって終わるものとする（運用29条3項）。

### 2　誤った送信の訂正

送信中において誤った送信をしたことを知ったときは、「訂正」の略
語を前置して、正しく送信した適当の語字から更に送信しなければなら
ない（運用31条）。

### 3　通報の反復

(1)　相手局に対し通報の反復を求めようとするときは、「反復」の略語
の次に反復する箇所を示すものとする（運用32条）。

(2)　送信した通報を反復して送信するときは、1字若しくは1語ごとに
反復する場合又は略符号を反復する場合を除いて、その通報の各通ご
と又は1連続ごとに「反復」の略語を前置するものとする（運用33条）。

### 5.1.2.6　通報及び通信の終了方法

### 1　通報の送信の終了

通報の送信を終了し、他に送信すべき通報がないことを通知しようとするときは、送信した通報に続いて、次の事項を順次送信するものとする（運用36条）。

① こちらは、そちらに送信するものがありません　　　1回

② どうぞ　　　　　　　　　　　　　　　　　　　　　1回

### 2　通信の終了

通信が終了したときは、「さようなら」を送信するものとする（運用38条）。

### 5.1.2.7　試験電波の発射

### 1　試験電波を発射する前の注意

無線局は、無線機器の試験又は調整を行うために電波の発射を必要とするときは、発射する前に自局の発射しようとする電波の周波数及びその他必要と認める周波数によって聴守し、他の無線局の通信に混信を与えないことを確かめなければならない（運用39条1項）。

### 2　試験電波の発射方法

1の聴守により他の無線局の通信に混信を与えないことを確かめた後、次の事項を順次送信する（運用39条1項）。

① ただいま試験中　　　　　　3回

② こちらは　　　　　　　　　1回

③ 自局の呼出名称　　　　　　3回

更に1分間聴守を行い、他の無線局から停止の請求がない場合に限り、次の事項を送信する。

④ 「本日は晴天なり」の連続

⑤ 自局の呼出名称　　　　　　1回

この場合において、④の「本日は晴天なり」の連続及び⑤の自局の呼

出名称の送信は、10秒間を超えてはならない（運用39条1項）。

## 3 試験電波発射中の注意及び発射の中止

(1) 試験又は調整中は、しばしばその電波の周波数により聴守を行い、他の無線局から停止の要求がないかどうか確かめなければならない（運用39条2項）。

(2) 他の既に行われている通信に混信を与える旨の通知を受けたときは、直ちにその発射を中止しなければならない（運用22条1項）。

# 5.2 海上移動業務

　海上移動業務の無線局は、海上における人命及び財貨の保全のための通信のほか海上運送事業又は漁業等に必要な通信を行うことを目的としている。したがって、海上移動業務においては、ある無線局が救助を求める通信を発信したときに常に他の無線局が確実にそれを受信し、救助に関し必要な通信を行うことができるような運用の体制にしなければならない。

　このため海上移動業務の無線局は、常時運用し、一定の電波で聴守を行い、定められた方法により遭難通信、緊急通信、安全通信等の通信を行うことが必要である。これが海上移動業務の無線局の運用の特色であり、その運用について特別の規定が設けられている理由である。

## 5.2.1 通則

### 5.2.1.1 船舶局の運用（入港中の運用の禁止等）

　船舶局の運用は、その船舶の航行中に限られる。ただし、次に掲げる場合は、その船舶が入港中でも運用することができる（法62条1項、施行37条、運用40条）。

1 受信装置のみを運用するとき

2 遭難通信、緊急通信、安全通信、非常通信及び放送の受信及び無線機器の試験又は調整のための通信を行うとき

3　無線通信によらなければ他に陸上との連絡手段がない場合であって、急を要する通報を海岸局に送信する場合

4　総務大臣又は総合通信局長が行う無線局の検査に際しその運用を必要とする場合

5　26.175MHzを超え470MHz以下の周波数の電波により通信を行う場合

6　その他別に告示（注）する場合

（注）　入港中の船舶の船舶局を運用することができる場合（昭和51年告示第514号）。

　1　海上保安庁所属の船舶局において、海上保安事務に関し、急を要する通信を行う場合

　2　濃霧、荒天その他気象又は海象の急激な変化に際し、船舶の安全を図るため船舶に設置する無線航行のためのレーダーの運用を必要とする場合

### 5.2.1.2　海岸局の指示に従う義務

　船舶局は、海岸局と通信を行う場合において、通信の順序若しくは時刻又は使用電波の型式若しくは周波数について、海岸局から指示を受けたときは、その指示に従わなければならない（法62条3項）。

〔参考〕

　海岸局は、船舶局から自局の運用に妨害を受けたときは、妨害している船舶局に対して、その妨害を除去するために必要な措置をとることを求めることができる（法62条2項）。

### 5.2.1.3　通信の優先順位

1　海上移動業務における通信の優先順位は、次のとおりである（運用55条1項）。

　(1)　遭難通信

　(2)　緊急通信

　(3)　安全通信

　(4)　その他の通信

2 海上移動業務において取り扱う非常の場合の無線通信は、緊急の度に
応じ、緊急通信に次いでその順位を適宜に選ぶことができる（運用55条
2項）。

### 5.2.2 通信方法
#### 5.2.2.1 周波数等の使用区別

海上移動業務の無線局が円滑に通信を行うためには、それぞれの無線局
が聴守すべき電波の周波数等を定めておくとともに、個々の周波数の電波
が呼出し、応答、通報の送信等のうちのどれに使用できるか、その使用区
別を定めておく必要がある。

このため、海上移動業務で使用する電波の型式及び周波数の使用区別は、
特に指定された場合はこれに従い、それ以外の場合は、総務大臣が告示す
るところによることになっている（運用56条）。

#### 5.2.2.2 27,524kHz及び156.8MHzの周波数の電波の使用制限

1 27,524kHz及び156.8MHzの周波数の電波の使用は、次の場合に限る（運
用58条3項）。

(1) 遭難通信、緊急通信（医事通報に係るものにあっては、156.8MHz
の周波数の電波については緊急呼出しに限る。）又は安全呼出し
（27,524kHzについては、安全通信）を行う場合

(2) 呼出し又は応答を行う場合

(3) 準備信号（応答又は通報の送信の準備に必要な略符号であって、呼
出事項又は応答事項に引き続いて送信されるものをいう。）を送信す
る場合

(4) 27,524kHzの周波数の電波については、海上保安業務に関し急を要
する通信その他船舶の航行の安全に関し急を要する通信（(1)の通信を
除く。）を行う場合

2 156.8MHzの周波数の電波の使用は、遭難通信を行う場合を除き、で

きる限り短時間とし、かつ、1分以上にわたってはならない（運用58条4項）。

〔補足〕

156.8MHzの周波数の電波を使用して安全呼出しを行った場合、安全通報は他の周波数の電波によって送信する。

3　1の周波数の電波を発射しなければ、無線設備の機器の試験又は調整ができない場合には、これを使用することができる（運用58条7項）。

## 5.2.3　遭難通信

### 5.2.3.1　意義

遭難通信とは、船舶又は航空機が重大かつ急迫の危険に陥った場合に遭難信号を前置する方法その他総務省令で定める方法により行う無線通信をいう（法52条1号）。

〔補足〕

船舶が重大かつ急迫の危険に陥った場合とは、船舶が火災、座礁、衝突、浸水その他の事故に遭い、自力によって人命及び財産の保全を確保できないような場合をいう。

### 5.2.3.2　遭難通信の保護、特則、通信方法及び取扱いに関する事項

1　遭難通信の保護（遭難通信を受信した場合の措置）

(1)　船舶局等は、遭難通信を受信したときは、他の一切の無線通信に優先して、直ちにこれに応答し、かつ、遭難している船舶又は航空機を救助するため、最も便宜な位置にある無線局に対して通報する等総務省令（無線局運用規則）で定めるところにより救助の通信に関し最善の措置をとらなければならない（法66条1項）。

(2)　無線局は、遭難信号又は遭難警報を受信したときは、遭難通信を妨害するおそれのある電波の発射を直ちに中止しなければならない（法66条2項）。

(3)　遭難通信を受信したすべての無線局は、応答、傍受その他遭難通信

のため最善の措置をとらなければならない（運用72条）。

### 2　特則

遭難通信は、人命、財貨の保全に係る重要な通信であるから、法令上いくつかの特別な取扱いがなされている。その主なものは、次のとおりである。

(1)　免許状に記載された目的又は通信の相手方若しくは通信事項の範囲を超えて行うことができる（法52条）。

(2)　免許状に記載された無線設備の設置場所、呼出名称、電波の型式及び周波数、空中線電力並びに運用許容時間によらずに行うことができる（法53条、54条、55条）。

(3)　他の無線局等にその運用を阻害するような混信その他の妨害を与えないよう運用しなければならないという混信等防止の義務から除外されている（法56条1項）。

(4)　船舶が航行中でない場合でもこの通信を行うことができる（法62条1項）。

(5)　他の一切の無線通信に優先して取り扱わなければならない（法66条1項、運用55条1項）。

### 3　遭難通信に使用する電波

遭難通信は、無線電話を使用する場合は、A3E電波27,524kHz若しくはF3E電波156.8MHz又は通常使用する呼出電波を使用して行うものとする。ただし、これらの周波数の電波を使用することができないか又は使用することが不適当であるときは、他のいかなる周波数の電波を使用してもよい（運用70条の2・1項）。

### 4　責任者の命令

船舶局における遭難警報、遭難呼出し及び遭難通報の送信は、その船舶の責任者の命令がなければ行うことができない（運用71条1項）。

### 5　電波の継続発射

船舶に開設する無線局は、その船舶が遭難した場合において、その船

体を放棄しようとするときは、事情の許す限り、その送信設備を継続して電波を発射する状態に置かなければならない（運用74条）。

## 6 遭難呼出し及び遭難通報の送信順序

無線電話により遭難通報を送信しようとする場合には、次に掲げる事項を順次送信して行う。ただし、特にその必要がないと認める場合又はそのいとまのない場合には、(1)の事項を省略することができる（運用75条の2）。

(1) 警急信号

(2) 遭難呼出し

(3) 遭難通報

〔補足〕

A3E電波27,524kHzにより遭難通信を行う場合には、呼出しの前に注意信号を送信することができる。注意信号は、2,100ヘルツの可聴周波数による5秒間の1音とする（運用73条の2）。

〔参考〕警急信号は、現在使用されていない。

## 7 遭難呼出し

(1) 遭難呼出しは、無線電話により、次の事項を順次送信して行うものとする（運用76条1項）。

① メーデー（又は「遭難」）　　3回

② こちらは　　　　　　　　　　1回

③ 遭難船舶局の呼出名称　　　　3回

(2) 遭難呼出しは、特定の無線局にあててはならない（運用76条2項）。

〔補足〕

遭難呼出しの例

① メーデー、メーデー、メーデー

② こちらは

③ にっぽんまる、にっぽんまる、にっぽんまる

## 8 遭難通報の送信

(1) 遭難呼出しを行った無線局は、できる限り速やかにその遭難呼出しに続いて、遭難通報を送信しなければならない（運用77条1項）。

(2) 遭難通報は、無線電話により次の事項を順次送信して行うものとする（運用77条2項）。

① メーデー（又は「遭難」）

② 遭難した船舶の名称

③ 遭難した船舶の位置、遭難の種類及び状況並びに必要とする救助の種類その他救助のため必要な事項

(3) (2)の③の位置は、原則として経度及び緯度をもって表すものとする。ただし、著名な地理上の地点からの真方位及び海里で示す距離によって表すことができる（運用77条3項）。

〔補足〕

遭難通報の例

① 遭難

② 日本丸

③ 本船は、北緯32度、東経139度30分の地点で台風に出合い、機関室に浸水のため、沈没の危険にあります。即時の救助を要請します。

## 9 遭難呼出し及び遭難通報の送信の反復

遭難呼出し及び遭難通報の送信は、応答があるまで、必要な間隔を置いて反復しなければならない（運用81条）。

## 10 遭難通報を受信した海岸局及び船舶局のとるべき措置

(1) 海岸局及び船舶局は、遭難呼出しを受信したときは、これを受信した周波数で聴守を行わなければならない（運用81条の7・1項）。

(2) 海岸局は、遭難通報を受信したときは、遅滞なく、これを海上保安庁その他の救助機関に通報しなければならない（運用81条の7・2項）。

(3) 船舶局は、遭難通報を受信したときは、直ちにこれを船舶の責任者に通知しなければならない（運用81条の7・3項）。

(4) 船舶局は、遭難通報を受信し、かつ、遭難している船舶又は航空機が自局の付近にあることが明らかであるときは、直ちにその遭難通報に対して応答しなければならない。ただし、当該遭難通報が海岸局が行う遭難通報の中継の呼出しに引き続いて受信したものであるときは、受信した船舶局の船舶の責任者がその船舶が救助を行うことができる位置にあることを確かめ、当該船舶局に指示した場合でなければ、これに応答してはならない（運用81条の7・4項、5項）。

(5) 船舶局は、遭難通報を受信した場合において、その船舶が救助を行うことができず、かつ、その遭難通報に対して他のいずれの無線局も応答しないときは、遭難通報を送信しなければならない（運用81条の7・6項）。

## 11　遭難通報に対する応答

(1) 船舶局は、遭難通報を受信した場合において、これに応答するときは、次の事項を順次送信して行うものとする（運用82条1項）。

| ① | メーデー（又は「遭難」） | 1回 |
| ② | 遭難通報を送信した無線局の呼出名称 | 3回 |
| ③ | こちらは | 1回 |
| ④ | 自局の呼出名称 | 3回 |
| ⑤ | 「了解」又は「OK」 | 1回 |
| ⑥ | メーデー（又は「遭難」） | 1回 |

〔補足〕

遭難通報に対する応答の例

① メーデー

② にっぽんまる、にっぽんまる、にっぽんまる

③ こちらは

④ とうきょうまる、とうきょうまる、とうきょうまる

⑤ 「了解」

⑥ メーデー

(2) (1)により応答した船舶局は、その船舶の責任者の指示を受け、できる限り速やかに、次の事項を順次送信しなければならない（運用82条2項）。

① 自局の名称

② 自局の位置

③ 遭難している船舶又は航空機に向かって進航する速度及びこれに到着するまでに要する概略の時間

④ その他救助に必要な事項

〔補足〕

遭難通報に対する応答の例

① 東京丸

② 本船は、北緯32度、東経138度20分の地点にいます。

③ 本船は、10ノットで事故現場に進航します。約60分で到着の予定です。

④ 巡視船等の救助の手配をします。

### 5.2.4 緊急通信

### 5.2.4.1 意義

緊急通信とは、船舶又は航空機が重大かつ急迫の危険に陥るおそれがある場合その他緊急の事態が発生した場合に緊急信号を前置する方法その他総務省令で定める方法により行う無線通信をいう（法52条2号）。

〔補足〕

例えば、次のような場合に緊急通信が行われる。

1 船舶が座礁、火災、エンジン故障その他の事故に遭い、重大かつ急迫の危険に陥るおそれがあるので監視してもらいたいとき。

2 行方不明の船舶の捜索を付近を航行中の船舶に依頼するとき。

3 海中に転落し、行方不明となった乗客又は乗組員等の捜索を依頼するとき。

## 5.2.4.2 緊急通信の特則、通信方法及び取扱いに関する事項

### 1 特則

緊急通信は、遭難通信に次いで重要な通信であるから、法令上次のような特別な扱いがなされている。

(1) 免許状に記載された目的又は通信の相手方若しくは通信事項の範囲を超えて行うことができる（法52条）。

(2) 免許状に記載された運用許容時間外でも行うことができる（法55条）。

(3) 遭難通信を行っているものを除き、他の無線局等にその運用を阻害するような混信その他の妨害を与えないよう運用しなければならないという混信等防止の義務から除外されている（法56条1項）。

(4) 船舶が航行中でない場合でもこの通信を行うことができる（法62条1項）。

(5) 緊急通信は、遭難通信に次ぐ優先順位をもって取り扱わなければならない（法67条1項）。

### 2 緊急通信に使用する電波

緊急通信は、無線電話を使用する場合は、A3E電波27,524kHz若しくはF3E電波156.8MHz又は通常使用する呼出電波を使用して行う（運用70条の2・1項）。

### 3 責任者の命令

船舶局における緊急呼出しは、その船舶の責任者の命令がなければ行うことができない（運用71条1項）。

### 4 緊急呼出し

緊急呼出しは、無線電話により、次の事項を順次送信して行うものとする（運用91条1項）。

| ① パン　パン（又は「緊急」） | 3回 |
| ② 相手局の呼出名称 | 3回以下 |
| ③ こちらは | 1回 |
| ④ 自局の呼出名称 | 3回以下 |

〔補足〕

1　緊急通報には、原則として普通語を使用しなければならない（運用91条2項）。

2　A3E電波27,524kHzにより緊急通信を行う場合は、呼出しの前に注意信号を送信することができる（運用73条の2・1項）。

## 5　各局あて緊急呼出し

(1)　緊急通報を送信するため通信可能の範囲内にある未知の無線局を無線電話により呼び出そうとするときは、次に掲げる事項を順次送信して行うものとする（運用92条1項）。

| | | |
|---|---|---|
| ① | パン　パン（又は「緊急」） | 3回 |
| ② | 各局 | 3回以下 |
| ③ | こちらは | 1回 |
| ④ | 自局の呼出名称 | 3回以下 |
| ⑤ | どうぞ | 1回 |

(2)　通信可能の範囲内にある無線局に対し、無線電話により同時に緊急通報（デジタル選択呼出装置による緊急通報の告知に引き続いて送信するものを除く。）を送信しようとするときは、次の事項を順次送信して行うものとする（運用92条2項、59条1項）。

| | | |
|---|---|---|
| ① | パン　パン（又は「緊急」） | 3回 |
| ② | 各局 | 3回以下 |
| ③ | こちらは | 1回 |
| ④ | 自局の呼出名称 | 3回以下 |
| ⑤ | 通報の種類 | 1回 |
| ⑥ | 通報 | 2回以下 |

## 6　緊急信号を受信した場合の措置

(1)　船舶局は、緊急信号を受信したときは、遭難通信を行う場合を除き、その通信が自局に関係のないことを確認するまでの間（無線電話による緊急信号を受信した場合には少なくとも3分間）継続してその緊急通信を受信しなければならない（法67条2項、運用93条1項）。

(2) 緊急信号を受信した船舶局は、緊急通信が行われないか又は緊急通信が終了したことを確かめた上でなければ再び通信を開始してはならない（運用93条2項）。

(3) (2)の緊急通信が自局に対して行われるものでないときは、緊急通信に使用している周波数以外の周波数の電波により通信を行うことができる（運用93条3項）。

(4) 船舶局は、自局に関係のある緊急通報を受信したときは、直ちにその船舶の責任者に通知する等必要な措置をしなければならない（運用93条4項）。

## 5.2.5　安全通信

### 5.2.5.1　意義

安全通信とは、船舶又は航空機の航行に対する重大な危険を予防するために安全信号を前置する方法その他総務省令で定める方法により行う無線通信をいう（法52条3号）。

〔補足〕

例えば、船舶の航行上危険な遺棄物、流氷等の存在を知らせる航行警報、台風の来襲その他気象の急変を知らせる気象警報等は、安全通信により行われる。

### 5.2.5.2　安全通信の特則、通信方法及び取扱いに関する事項

#### 1　特則

安全通信は、船舶又は航空機の航行の安全を確保するために遭難通信及び緊急通信に次いで重要な通信であるから、法令上次のような特別な扱いがなされている。

(1) 免許状に記載された目的又は通信の相手方若しくは通信事項の範囲を超えて行うことができる（法52条）。

(2) 免許状に記載された運用許容時間外でも行うことができる（法55条）。

(3) 遭難通信、緊急通信を行っている場合を除き、他の無線局等にその

運用を阻害するような混信その他の妨害を与えないよう運用しなければならないという混信等防止の義務から除外されている（法56条1項）。

(4) 船舶が航行中でない場合でもこの通信を行うことができる（法62条1項）。

(5) 船舶局は、速やかにかつ確実に安全通信を取り扱わなければならない（法68条1項）。

(6) 遭難通信及び緊急通信に次ぐ優先順位で取り扱わなければならない（運用55条1項）。

## 2 安全通信に使用する電波

(1) 安全通信は、無線電話を使用する場合は、Ａ３Ｅ電波27,524kHz若しくはＦ３Ｅ電波156.8MHz又は通常使用する呼出電波を使用して行うものとする（運用70条の2・1項）。

(2) 無線電話を使用して安全通報を送信する場合は、通常通信電波により行うものとする。ただし、Ａ３Ｅ電波27,524kHzにより安全呼出しを行った場合においては、この電波によることができる（運用70条の2・3項）。

## 3 安全呼出し

(1) 安全呼出しは、無線電話により、次の事項を順次送信して行う（運用96条1項）。

① 「セキュリテ」又は「警報」　　3回
② 相手局の呼出名称　　　　　　3回以下
③ こちらは　　　　　　　　　　1回
④ 自局の呼出名称　　　　　　　3回以下

(2) 通信可能の範囲内にあるすべての無線局に対し、無線電話により同時に安全通報（デジタル選択呼出装置による安全通報の告知に引き続いて送信するものを除く。）を送信しようとするときは、次の事項を順次送信して行う（運用96条2項、59条1項）。

① 「セキュリテ」又は「警報」　　3回

| ② | 各局 | 3回以下 |
|---|---|---|
| ③ | こちらは | 1回 |
| ④ | 自局の呼出名称 | 3回以下 |
| ⑤ | 通報の種類 | 1回 |
| ⑥ | 通報 | 2回以下 |

(3) 安全通報には、通報の出所及び日時を付さなければならない（運用96条4項）。

〔補足〕

A3E電波27,524kHzにより、安全通信を行う場合には、呼出しの前に注意信号を送信することができる（運用73条の2・1項）。

## 4 安全信号を受信した場合の措置

(1) 船舶局は、安全信号を受信したときは、その通信が自局に関係のないことを確認するまでその安全通信を受信しなければならない（法68条2項）。

(2) 船舶局において安全信号を受信したときは、遭難通信及び緊急通信を行う場合を除き、これに混信を与える一切の通信を中止して直ちにその安全通信を受信し、必要に応じてその要旨をその船舶の責任者に通知しなければならない（運用99条）。

### 5.2.6 漁業通信

**漁業通信の定義**

漁業通信とは、漁業用の海岸局（漁業の指導監督用のものを除く。）と漁船の船舶局（漁業の指導監督用のものを除く。）との間及び漁船の船舶局相互間において行う漁業に関する無線通信をいう（運用2条1項）。

〔補足〕

1 漁業局の通信時間

漁業局（漁業用の海岸局及び漁船の船舶局をいう。）が漁業通信又は漁業通信以外の通信（遭難通信、緊急通信、安全通信及び非常の場合の無線通信を除く。）を行う

時間の時間割（通信時間割という。）は、特に指定する場合のほか、総務大臣が告示するところによらなければならないものとする（運用102条1項、2条1項）。

　漁業局は、閉局の制限にかかわらず、その通信が終了しない場合であっても告示された通信時間割による自局の通信時間を超えて通信してはならない（運用102条2項）。

2　当番局

　同一の漁業用の海岸局（漁業の指導監督用のものを除く。）を通信の相手方とする出漁船の船舶局相互間の漁業通信は、それらの船舶局のうちからあらかじめ選定された船舶局（「当番局」という。）がある場合は、その指示に従って行わなければならない（運用103条1項）。

# 第6章　業務書類

無線局の管理及び運用が適正かつ能率的に行われるよう、電波法令では、無線局には、正確な時計及び無線業務日誌のほか、無線局免許状等の業務書類の備付けを義務付けるとともに、その管理、記載、保存等について規定している。

## 6.1　時　計

### 6.1.1　備付け及び照合の義務
#### 1　備付けの義務

無線局には、正確な時計を備え付けておかなければならない。ただし、総務省令（施行38条の2）で定める無線局（注）については、備付けを省略することができる（法60条）。

（注）　電波法施行規則第38条の2で定める無線局は、同条第1項の規定に基づき、昭和35年告示第1017号に規定されており、船舶局については、時計の備付けを省略できない。

#### 2　照合の義務

1により備え付けた時計は、その時刻を毎日1回以上中央標準時又は協定世界時に照合しておかなければならない（運用3条）。

〔参考〕

**無線業務日誌の備付け及び記載事項**

#### 1　備付けの義務

無線局には、無線業務日誌を備え付けておかなければならない。ただし、総務省令（施行38条の2）で定める無線局（注）については、備付けを省略することができる（法60条）。

（注）電波法施行規則第38条の2で定める無線局は、同条第1項の規定に基づき、昭和35年告示第1017号に規定されており、船舶局には、無線業務日誌を備え付け

メ　モ ─────────────────────────────

ておかなければならない。ただし、義務船舶局以外の船舶局であって、特定船舶局（資料4参照）が設置することができる無線設備及びH3E電波又はJ3E電波26.1MHzを超え28MHz以下の周波数を使用する空中線電力25ワット以下の無線設備以外の無線設備を設置していない船舶局については、無線業務日誌を備え付けることを要しない。

## 2 無線業務日誌の記載事項

(1) 無線業務日誌には、毎日次に掲げる事項を記載しなければならない。ただし、総務大臣又は総合通信局長において特に必要がないと認めた場合は、記載事項の一部を省略することができる（施行40条1項抜粋）。

ア 無線従事者の氏名、資格及び服務方法（変更のあったときに限る。）

イ 通信のたびごとに次の事項（船舶局にあっては、遭難通信、緊急通信、安全通信その他無線局の運用上重要な通信に関するものに限る。）

　(ｱ) 通信の開始及び終了の時刻

　(ｲ) 相手局の呼出名称（国籍、無線局の名称を併せて記載することができる。）

　(ｳ) 自局及び相手局の使用電波の型式及び周波数

　(ｴ) 使用した空中線電力（正確な電力の測定が困難なときは推定電力）

　(ｵ) 通信事項の区別及び通信事項別通信時間

　(ｶ) 相手局から通知を受けた事項の概要

　(ｷ) 遭難通信（全文を記録）、緊急通信、安全通信及び非常の場合の通信の概要と措置の内容

　(ｸ) 空電、混信、受信、感度の減退等の通信状態

ウ 発射電波の周波数の偏差を測定したときは、その結果及び許容偏差を超える偏差があるときは、その措置の内容

エ 機器の故障の事実、原因及びこれに対する措置の内容

オ 電波の修正について指示を受けたときは、その事実及び措置の内容

カ 法第80条第2号の場合（電波法及びこれに基づく命令の規定に違反して運用した無線局を認めたとき）は、その事実

キ 時計を標準時に合わせたときは、その事実及び時計の遅速

ク　船舶の位置、方向、気象状況その他船舶の安全に関する事項の通信の概要

ケ　自局の船舶の航程（発着又は寄港その他の立ち寄り先の時刻及び地名等を記載する。）

コ　自局の船舶の航行中正午及び午後 8 時におけるその船舶の位置

サ　送受信装置の電源用蓄電池の維持及び試験の結果の詳細（充電したときは、その時間、充電電流及び充電前後の電圧の記載を含む。）

シ　レーダーの維持の概要及びその機能上又は操作上に現れた特異現象の詳細

ス　その他参考となる事項

(2)　無線業務日誌の記録は、電磁的方法により記録することができる。この場合においては、当該記録を必要に応じ、電子計算機その他の機器を用いて直ちに作成し、表示及び書面への印刷ができなければならない（施行43条の 5 ）。

### 3　保存期間

　　使用を終わった無線業務日誌は、使用を終わった日から 2 年間保存しなければならない（施行40条 4 項）。

## 6.2　業務書類（免許状）

### 6.2.1　備付け又は掲示の義務

### 1　備付けの義務

　　無線局には、正確な時計及び無線業務日誌のほかに、総務省令（施行38条 1 項）で定める書類（「業務書類」という。）である免許状を備え付けておかなければならない（法60条、施行38条 1 項）。

### 2　掲示の義務

　　船舶局又は無線航行移動局にあっては、免許状は、主たる送信装置のある場所の見やすい箇所に掲げておかなければならない。ただし、掲示を困難とするものについては、その掲示を要しない（施行38条 2 項）。

### 6.2.2 訂正、再交付又は返納

1 免許人は、免許状に記載した事項に変更を生じたときは、その免許状を総務大臣に提出し、訂正を受けなければならない（法21条）。

2 免許人は、免許状の訂正を受けようとするときは、所定の事項を記載した申請書を総務大臣又は総合通信局長に提出しなければならない（免許22条1項）。

3 免許人は、免許状を破損し、汚し、失った等のために免許状の再交付を申請しようとするときは、所定の事項を記載した申請書を総務大臣又は総合通信局長に提出しなければならない（免許23条1項）。

4 無線局の免許がその効力を失ったときは、免許人であった者は、1箇月以内にその免許状を返納しなければならない（法24条）。このほか、2の免許状の訂正の申請又は3の再交付の申請をした場合において、新たな免許状の交付を受けたときは、遅滞なく旧免許状を返さなければならない（注）（免許22条5項、23条3項）。

（注）　免許状の再交付の申請であって、免許状を失った等のためにこれを返すことができない場合を除く。

## 6.3　その他備付けを要する業務書類

### 6.3.1　備付けの義務

無線局には、正確な時計及び無線業務日誌のほかに、業務書類を備え付けておかなければならない。ただし、総務省令（施行38条の2）で定める無線局（注）については、これらの全部又は一部の備付けを省略することができる（法60条、施行38条1項）。

（注）　電波法施行規則第38条の2で定める無線局は、同条第1項の規定に基づき、昭和35年告示第1017号に規定されている。

## 6.3.2　備付けを要する業務書類

　船舶局に備え付けておかなければならない業務書類は、次のとおりである（施行38条1項抜粋）。

1　免許状

2　無線局の免許の申請書の添付書類の写し（再免許を受けた無線局にあっては、最近の再免許の申請に係るもの並びに無線免許手続規則第16条の3の規定により提出を省略した添付書類と同一の記載内容を有する添付書類の写し及び同規則第17条の規定により提出を省略した工事設計書と同一の記載内容を有する工事設計書の写し）

3　無線局免許手続規則第12条（同規則第25条第1項において準用する場合を含む。）の変更の申請書の添付書類及び届出書の添付書類の写し（再免許を受けた無線局にあっては、最近の再免許後における変更に係るもの）

4　船舶局の場合は、船舶の所有者、用途、総トン数、航行区域、主たる停泊港等に変更があった場合の届出書に添付した書類の写し

5　無線従事者選解任届の写し

# 第7章 監 督

監督とは、総務大臣が無線局の免許、許可等の権限との関連において、免許人等、無線従事者その他の無線局関係者等の電波法上の行為について、その行為がこれらの者の守るべき義務に違反することがないかどうか、又はその行為が適正に行われているかどうかについて絶えず注意し、行政目的を達成するために必要に応じ、指示、命令、処分等を行うことである。

## 7.1 電波の発射の停止

総務大臣は、無線局の発射する電波の質が総務省令で定めるものに適合していないと認めるときは、その無線局に対して臨時に電波の発射の停止を命ずることができる（法72条1項）。

## 7.2 無線局の検査

### 7.2.1 定期検査

総務大臣は、総務省令で定める時期ごとに、あらかじめ通知する期日に、その職員を無線局に派遣し、その無線設備、無線従事者の資格（主任無線従事者の要件に係るものを含む。）及び員数並びに時計及び書類を検査させる（法73条1項）。

〔補足〕

1 定期検査の時期

定期検査の時期は、特定船舶局（資料4参照）であってF2B電波又はF3E電波156MHzから157.45MHzまでの周波数を使用する無線設備、遭難自動通報設備、簡易型船舶自動識別装置、VHFデータ交換装置及びレーダー以外の無線設備を設置しないものは5年に1回と規定されている（施行41条の4、別表5号）。

2 定期検査を行わない無線局（法73条1項、施行41条の2の6抜粋）

メ モ ─────────────────────────────

(1) 船舶局であって、次に掲げるいずれかの無線設備のみを設置するもの

　ア　Ｆ２Ｂ電波又はＦ３Ｅ電波156MHzから157.45MHzまでの周波数を使用する空中線電力５W以下の携帯して使用するための無線設備

　イ　簡易型船舶自動識別装置

　ウ　総務大臣が別に告示するレーダー（告示の概要：空中線電力５kW未満のレーダーで適合表示無線設備であるもの）

(2) 遭難自動通報局であって、携帯用位置指示無線標識のみを設置するもの

## 7.2.2　臨時検査

　総務大臣は、次の場合には、その職員を無線局に派遣して、その無線設備、無線従事者の資格及び員数並びに時計及び書類を検査させることができる（法73条5項）。

1　総務大臣が、無線局の無線設備が電波法第3章に定める技術基準に適合していないと認め、その技術基準に適合するよう当該無線設備の修理その他の必要な措置をとるべきことを命じたとき。

2　総務大臣が、無線局の発射する電波の質が総務省令で定めるものに適合していないと認め、電波の発射の停止を命じたとき（7.1参照）。

3　2の命令を受けた無線局からその発射する電波の質が総務省令で定めるものに適合するに至った旨の申出があったとき。

4　無線局のある船舶又は航空機が外国へ出港しようとするとき。

5　その他電波法の施行を確保するため特に必要があるとき。

# 7.3　無線局の免許の取消し、運用停止又は運用制限

## 1　免許の取消し

　総務大臣は、免許人（包括免許人を除く。）が次のいずれかに該当するときは、その免許を取り消すことができる（法76条4項）。

(1) 正当な理由がないのに、無線局の運用を引き続き6月以上休止した

とき。

(2)　不正な手段により無線局の免許若しくは無線設備の設置場所の変更
等の許可を受け、又は周波数、空中線電力等の指定の変更を行わせた
とき。

(3)　無線局の運用の停止命令又は運用の制限に従わないとき。

2　運用の停止又は制限

総務大臣は、免許人等が電波法、電波法に基づく命令又はこれらに基
づく処分に違反したときは、3月以内の期間を定めて無線局の運用の停
止を命じ、又は期間を定めて運用許容時間、周波数若しくは空中線電力
を制限することができる（法76条1項）。

# 7.4　無線従事者の免許の取消し又は従事停止

総務大臣は、無線従事者が次のいずれかに該当するときは、その免許を
取り消し、又は3箇月以内の期間を定めてその業務に従事することを停止
することができる（法79条1項）。

1　電波法若しくは電波法に基づく命令又はこれらに基づく処分に違反し
たとき。

2　不正な手段により無線従事者の免許を受けたとき。

3　著しく心身に欠陥があって、無線従事者たるに適しない者となったと
き。

# 7.5　遭難通信を行った場合等の報告

1　無線局の免許人等は、次の場合には、総務省令で定める手続により総
務大臣に報告しなければならない（法80条）。

(1)　遭難通信、緊急通信、安全通信又は非常通信を行ったとき。

(2)　電波法又は電波法に基づく命令の規定に違反して運用した無線局を

認めたとき。

2　1の報告は、できる限りすみやかに、文書によって、総務大臣又は総合通信局長に行わなければならない。この場合において、遭難通信及び緊急通信にあっては、それらの通報を発信したとき又は遭難通信を宰領したときに限り、安全通信にあっては、総務大臣が別に告示する簡易な手続により、その通報の発信に関し、報告するものとする（施行42条の5）。

# 第8章 罰則等

## 8.1 電波利用料制度

### 1 電波利用料制度

電波利用料制度は、良好な電波利用環境の構築・整備に係る費用を、無線局の免許人等が公平に分担し、電波利用のための共益費用として、負担する制度である。

### 2 電波利用料の額

電波利用料の額は、無線局の種別、使用周波数帯、使用する電波の周波数の幅、空中線電力、無線局の無線設備の設置場所、業務形態等に基づいて、年額で定めている（法103条の2・1項、別表第6）。

現在、船舶局の電波利用料額は、年間400円である。

### 3 電波利用料の納付方法

無線局の免許人は、免許の日から30日以内（翌年以降は免許の日に当たる日から30日以内）に、総務省（総合通信局又は沖縄総合通信事務所）から送付される納入告知書により納付しなければならない。

納付は、最寄りの金融機関（郵便局、銀行、信用金庫等）、インターネットバンキング等若しくはコンビニエンスストアで行うか又は貯金口座若しくは預金口座のある金融機関に委託して行うことができる。また、翌年以降の電波利用料を前納することも可能である。

電波利用料を納めない者は、督促状によって、期限を指定して督促され、電波利用料及び延滞金を納めなければならない。また、督促状に指定された期限までに納付しないときは、国税滞納処分の例により処分される（法103条の2・25項、26項、施行4章2節の5）。

メモ ─────────────────────────────

# 8.2　罰　則

電波法令には、「何々をしなければならない」あるいは「何々をしては
ならない」という義務を課し、この義務の履行を期待している。この義務
が履行されない場合は、電波法の行政目的を達成することも不可能となる
ため、これらの義務の履行を罰則をもって確保することとしている。

## 8.2.1　不法開設又は不法運用

総務大臣の免許がないのに、無線局を開設し、又は運用した者は、1年
以下の懲役（注）又は100万円以下の罰金に処する（法110条1号、2号）。

## 8.2.2　その他

1　無線通信の業務に従事する者が遭難通信の取扱いをしなかったとき、
　又はこれを遅延させたときは、1年以上の有期懲役に処する（法105条1
　項）。

2　遭難通信の取扱いを妨害した者も、1と同様に処する（法105条2項）。

3　船舶遭難又は航空機遭難の事実がないのに、無線設備によって遭難通
　信を発した者は、3月以上10年以下の懲役に処する（法106条2項）。

4　無線局の取扱中に係る無線通信の秘密を漏らし、又はこれを窃用した
　者は、1年以下の懲役又は50万円以下の罰金に処する（法109条1項）。

5　無線通信の業務に従事する者がその業務に関し知り得た上記5の秘密
　を漏らし、又は窃用したときは、2年以下の懲役又は100万円以下の罰
　金に処する（法109条2項）。

6　無線設備の設置場所の変更又は無線設備の変更の工事の許可を受けた
　免許人が、総務大臣の検査を受けないで、当該無線設備を運用したとき
　は、1年以下の懲役又は100万円以下の罰金に処する（法110条6号）。

7　電波の発射又は運用を停止された無線局を運用した者は、1年以下の
　懲役又は100万円以下の罰金に処する（法110条8号）。

---

（注）「懲役」は、刑罰の懲役と禁錮を一本化して「拘禁刑」を創設した改正刑法の施行に伴い、
　　　電波法においても令和7年6月1日以降は「拘禁刑」となる（8.2.2その他も同様。）。

8　定期検査又は臨時検査を拒み、妨げ、又は忌避した者は、6月以下の懲役又は30万円以下の罰金に処する（法111条）。

9　運用の制限に違反して無線局を運用した者は、50万円以下の罰金に処する（法112条6号）。

10　無線従事者の資格のない者が、主任無線従事者として選任されその選任の届出がされた者により監督を受けないで無線局の無線設備の操作（総務省令で定める簡易な操作を除く。）を行ったときは、30万円以下の罰金に処する（法113条20号）。

11　無線通信の業務に従事することを停止された無線従事者が、無線設備の操作を行った場合は、30万円以下の罰金に処する（法113条24号）。

12　無線従事者等がその免許人の業務に関し、電波法第110条、第110条の2又は第111条から第113条までの規定の違反行為をしたときは、行為者を罰するほか、その免許人である法人又は人に対しても罰金刑を科す（法114条）。

資料1　用語の定義

　電波法施行規則に定められている用語の定義のうち、第三級海上特殊無線技士に関係が深いものは次のとおりである。

## 1　電波法施行規則第2条関係

(1)　無線通信：電波を使用して行うすべての種類の記号、信号、文言、影像、音響又は情報の送信、発射又は受信をいう。

(2)　単信方式：相対する方向で送信が交互に行われる通信方式をいう。

(3)　複信方式：相対する方向で送信が同時に行われる通信方式をいう。

　　テレメーター：電波を利用して、遠隔地点における測定器の測定結果を自動的に表示し、又は記録するための通信設備をいう。

　　ファクシミリ：電波を利用して、永久的な形に受信するために静止影像を送り、又は受けるための通信設備をいう。

(4)　無線測位：電波の伝搬特性を用いてする位置の決定又は位置に関する情報の取得をいう。

(5)　無線航行：航行のための無線測位（障害物の探知を含む。）をいう。

(6)　レーダー：決定しようとする位置から反射され、又は再発射される無線信号と基準信号との比較を基礎とする無線測位の設備をいう。

(7)　送信設備：送信装置と送信空中線系とから成る電波を送る設備をいう。

(8)　送信装置：無線通信の送信のための高周波エネルギーを発生する装置及びこれに付加する装置をいう。

(9)　送信空中線系：送信装置の発生する高周波エネルギーを空間へ輻射する装置をいう。

(10)　混信：他の無線局の正常な業務の運行を妨害する電波の発射、輻射又は誘導をいう。

## 2　電波法施行規則第3条関係

　　海上移動業務：船舶局と海岸局との間、船舶局相互間、船舶局と船上通信局との間、船上通信局相互間又は遭難自動通報局と船舶局若しくは

海岸局との間の無線通信業務をいう。

## 3 電波法施行規則第4条関係

(1) 海岸局：船舶局、遭難自動通報局又は航路標識に開設する海岸局（船舶自動識別装置により通信を行うものに限る。）と通信を行うため陸上に開設する移動しない無線局（航路標識に開設するものを含む。）をいう。

(2) 船舶局：船舶の無線局（人工衛星局の中継によってのみ無線通信を行うものを除く。）のうち、無線設備が遭難自動通報設備又はレーダーのみのもの以外のものをいう。

(3) 遭難自動通報局：遭難自動通報設備のみを使用して無線通信業務を行う無線局をいう。

(4) 無線航行移動局：移動する無線航行局をいう。（注、無線設備がレーダーのみ又はレーダーと遭難自動通報設備のみの無線局が該当する。）

(5) 船上通信局：船上通信設備のみを使用して無線通信業務を行う移動する無線局をいう。

## 資料２　書類の提出先及び総合通信局の所在地、管轄区域

（施行51条の15、52条）

### 1　提出書類

　無線局の免許関係の申請及び届出の書類、無線従事者の国家試験及び
免許関係の申請及び届出の書類等は、次の表の左欄の区別及び中欄の所
在地等の区分により右欄の提出先に提出する。この場合において総務大
臣に提出するもの（◎印のもの）は、所轄総合通信局長を経由して提出
する。

　なお、所轄総合通信局長は、中欄の所在地等を管轄する総合通信局長
である（施行51条の15・２項、52条１項抜粋）（第三級海上特殊無線技士の資格に
関係のあるものに限定した。）。

| 区　　　別 | 所　在　地　等 | 提　出　先 | |
| --- | --- | --- | --- |
| | | 所轄総合通信局長 | 総務大臣 |
| 1　無線局に関する事項<br>　(1)　海岸局 | その送信所の所在地（通信所があるときは、その通信所の所在地） | ○ | |
| 　(2)　船舶局 | その船舶の主たる停泊港の所在地 | ○ | |
| 2　無線従事者の免許に関する事項<br>　(1)　特殊無線技士並びに第三級及び第四級アマチュア無線技士の資格の場合<br>　(2)　(1)以外の無線従事者の資格の場合 | 合格した国家試験（その免許に係るものに限る。）の受験地、修了した電波法第41条第２項第２号の養成課程の主たる実施の場所、同条第２項第３号の無線通信に関する科目を修めて卒業した同号の学校の所在地又は修了した無線従事者規則第33条に規定する認定講習課程の主たる実施の場所。ただし、申請者の住所とすることを妨げない。 | (1)の場合<br>○ | (2)の場合<br>◎ |

## 2 総合通信局の所在地及び管轄区域

| 名　　　　称 | 郵便番号 | 所　　在　　地 | 管　轄　区　域 |
|---|---|---|---|
| 北海道総合通信局 | 060-8795 | 札幌市北区北八条西<br>2－1－1 | 北海道 |
| 東北総合通信局 | 980-8795 | 仙台市青葉区本町<br>3丁目2－23 | 青森、岩手、宮城、秋田、<br>山形、福島 |
| 関東総合通信局 | 102-8795 | 東京都千代田区九段南<br>1－2－1 | 茨城、栃木、群馬、埼玉、<br>千葉、東京、神奈川、山梨 |
| 信越総合通信局 | 380-8795 | 長野市旭町1108 | 新潟、長野 |
| 北陸総合通信局 | 920-8795 | 金沢市広坂<br>2－2－60 | 富山、石川、福井 |
| 東海総合通信局 | 461-8795 | 名古屋市東区白壁<br>1－15－1 | 岐阜、静岡、愛知、三重 |
| 近畿総合通信局 | 540-8795 | 大阪市中央区大手前<br>1－5－44 | 滋賀、京都、大阪、兵庫、<br>奈良、和歌山 |
| 中国総合通信局 | 730-8795 | 広島市中区東白島町<br>19－36 | 鳥取、島根、岡山、広島、<br>山口 |
| 四国総合通信局 | 790-8795 | 松山市味酒町<br>2－14－4 | 徳島、香川、愛媛、高知 |
| 九州総合通信局 | 860-8795 | 熊本市西区春日<br>2－10－1 | 福岡、佐賀、長崎、熊本、<br>大分、宮崎、鹿児島 |
| 沖縄総合通信事務所 | 900-8795 | 那覇市旭町1－9 | 沖縄 |

## 資料3　無線局免許状の様式（免許21条1項、別表6号の2）

船舶局に交付するものの例

長

辺

無　線　局　免　許　状

| | |
|---|---|
| 免許人の氏名又は名称 | ○○漁業株式会社 |
| 免許人の住所 | ○○○ |

| 無線局の種別 | 船舶局 | 免許の番号 | |
|---|---|---|---|
| 免許の年月日 | | 免許の有効期間 | |

| 無線局の目的 | 一般業務用 | 運用許容時間 |
|---|---|---|
| | | 常　時 |

| 通 信 事 項 | 船舶の航行に関する事項<br>漁業通信に関する事項 |
|---|---|
| 通信の相手方 | 免許人加入団体所属漁業用海岸局<br>漁船の船舶局<br>その他の船舶局（航行の安全のための通信を行う場合に限る。） |
| 識 別 信 号 | だい○○まる |

無線設備の設置場所又は移動範囲

第○○丸

電波の型式、周波数及び空中線電力
```
J3E   27054.5  27166.5  27250.5  27274.5  27394.5  27466.5kHz    5 W
H3E   27524kHz                                                   2 W
A3E   40MHz (ch 102  118  127  128～147  185  205)               5 W
A3E   27524  27580  27636  27724  27963kHz                       1 W
レーダー
P0N   9375MHz                                                    5kW
```

備考

　　法律に別段の定めがある場合を除くほか、この無線局の無線設備を使用し、特定の相手方に対して行われる無線通信を傍受してその存在若しくは内容を漏らし、又はこれを窃用してはならない。

　年　月　日

○○総合通信局長　　　印

辺

（日本産業規格A列4番）

短　　　　　辺

資料4　特定船舶局の定義及び小規模な船舶局に使用する無線設備として
　　　　総務大臣が別に告示する無線設備

1　特定船舶局の定義

　　特定船舶局とは、無線電話、遭難自動通報設備、レーダーその他の小
　規模な船舶局に使用する無線設備として総務大臣が別に告示（平成21年
　告示第471号）する無線設備のみを設置する船舶局（国際航海に従事しな
　い船舶の船舶局に限る。）をいう（施行34条の6・1号）。

2　小規模な船舶局に使用する無線設備として総務大臣が別に告示する無
　線設備（平成21年告示第471号）

　⑴　H3E電波又はJ3E電波26.1MHzを超え28MHz以下の周波数を使
　　　用する空中線電力25ワット以下の無線機器型式検定規則による型式検
　　　定に合格したもの又は適合表示無線設備

　⑵　A2D電波又はA3E電波26.175MHzを超え28MHz以下の周波数を
　　　使用する空中線電力1ワット以下の無線機器型式検定規則による型式
　　　検定に合格したもの又は適合表示無線設備

　⑶　A2D電波又はA3E電波29.75MHzを超え41MHz以下の周波数を使
　　　用する空中線電力5ワット以下の無線機器型式検定規則による型式検
　　　定に合格したもの又は適合表示無線設備

　⑷　A2D電波又はA3E電波154.675MHzを超え162.0375MHz以下の周
　　　波数を使用する空中線電力1ワット以下の無線機器型式検定規則によ
　　　る型式検定に合格したもの又は適合表示無線設備

　⑸　⑵から⑷までの無線機器型式検定規則による型式検定に合格したも
　　　の又は適合表示無線設備に接続して使用するデータ伝送装置を備える
　　　無線設備

　⑹　F2B電波又はF3E電波156MHzを超え157.45MHz以下の周波数を
　　　使用する空中線電力25ワット以下の無線機器型式検定規則による型式
　　　検定に合格したもの又は適合表示無線設備

　⑺　F3E電波351.9MHzを超え364.2MHz以下の周波数を使用する空中

線電力5ワット以下の適合表示無線設備

(8) レーダー（無線機器型式検定規則による型式検定に合格したもの又は適合表示無線設備に限る。）

(9) 船舶自動識別装置（無線機器型式検定規則による型式検定に合格したものに限る。）又は簡易型船舶自動識別装置（適合表示無線設備に限る。）

(10) デジタル選択呼出装置による通信を行う海上移動業務の無線局の無線設備（適合表示無線設備に限る。）

(11) 双方向無線電話（無線機器型式検定規則による型式検定に合格したものに限る。）

(12) 衛星非常用位置指示無線標識（無線機器型式検定規則による型式検定に合格したものに限る。）

(13) 捜索救助用レーダートランスポンダ（無線機器型式検定規則による型式検定に合格したものに限る。）

(14) 捜索救助用位置指示送信装置（無線機器型式検定規則による型式検定に合格したものに限る。）

(15) VHFデータ交換装置（適合表示無線設備に限る。）

(16) (1)から(15)までの無線設備と併せて船舶局に設置する次に掲げる無線設備

　　ア　船上通信設備（適合表示無線設備に限る。）

　　イ　無線方位測定機

　　ウ　高機能グループ呼出受信機

　　エ　デジタル選択呼出専用受信機

　　オ　ナブテックス受信機

　　カ　地上無線航法装置

　　キ　衛星航法装置

　　ク　イからキまで以外の受信設備

(17) 前各号に掲げる無線設備であって、無線設備規則の一部を改正する

省令（平成17年改正省令）による改正前の無線設備規則の規定に基づき、同規定に適合することにより表示が付された無線設備又は無線機器型式検定規則による型式検定に合格した無線設備のうち、平成17年改正省令による改正後の無線設備規則の規定に適合するもの

# 資料5　無線従事者免許（免許証再交付）申請書の様式

（従事者46条、50条、別表11号）

無線従事者 ※□免許　申請書
　　　　　　　□免許証再交付

総務大臣（　　　　）殿

年　　月　　日

収入印紙ちょう付欄

（この欄にはりきれない
ときは、他を裏面下部に
はってください。
　また、申請書は消印し
ないでください）

（収入印紙を必要額を超
えてはっている場合は、
申請者の余白に「過納承
諾 氏名」のように記入
してください）

（はりきれないときは裏面下部へ）

申請資格

| 氏名 | フリガナ（姓） | | （名） |
|---|---|---|---|
| | 漢字　（姓） | | （名） |

無線通信士、第一級海上特殊無線技士、アマチュア無線技士にあっ
ては、ヘボン式ローマ字による氏名が免許証に併記されます。
非ヘボン式ローマ字による氏名表記を希望する場合に限り、口に　非ヘボン式を
レ印を記入し、下記に活字体大文字で記入してください。　　　希望します。　→　※□
　　　LAST NAME（姓）　（活字体大文字で記入）　FIRST NAME（名）

生年月日　　　　　　　年　　　　月　　　　日

住所　〒
　　　電話　　　　（　　）
　　　日中の連絡先　（　　）
　　　メールアドレス

写真ちょう付欄
1　申請者本人が写っている
　もの
2　正面、無帽、無背景、上
　三分身で6ヶ月以内に撮影
　されたもの
3　縦30mm×横24mm
4　写真は免許証に転写され
　るので枠からはみ出さない
　ようにしてください

所 持 人 自 署
無線通信士、第一級海上特殊無線技士
の場合は必ず署名してください。

（この署名は免許証にそのまま転写されますから、枠にか
かったり、はみ出ないようにしてください。）

□※無線従事者規則第46条の規定により、免許を受けたいので（別紙書類を添えて）申請します。　□※同時にアマチュア局に係る申請書を提出します。

| 国 家 試 験 合 格 | 受験番号 | | | 年　月　日合格） |
|---|---|---|---|---|
| 養 成 課 程 修 了 | 認定施設者の名称<br>修了証明書の番号 | 実施場所（市区町村名）<br> | （　　　年　月　日修了） | |
| 資格、業務経歴等 | 資　　　格<br>免許証の番号<br>免許の年月日 | 講 習 の 種 別<br>　　　　　　　修了した認定講習<br>修 了 年 月 日 | ※<br>□はい<br>該当する場合はその内容<br> | |
| | 現に有する資格 | | | |
| 学 校 卒 業 | 学校卒業で資格を取得しようとする場合は口にレ印を記入してください。　※　→ | | □いいえ | |
| 欠 格 事 由 の 有 無 | 無線従事者規則第45条第1項各号のいずれかに該当しますか。（いずれかの口に必ずレ印を記入してください。） | | | |

下の欄に住民票コード又は現に有する無線従事者免許証、電気通信主任技術
者資格者証若しくは工事担任者資格者証の番号のいずれか1つを記入した場
合は、氏名及び生年月日を証する書類の提出を省略することができます。

　　　　　　　　　　　　　　　　　　（左詰めで記入）

記入した番号の種類（いずれかの口にレ印を記入してください。）

□　住民票コード
□　無線従事者免許証の番号
□　電気通信主任技術者資格者証の番号
□　工事担任者資格者証の番号

□※無線従事者規則第50条の規定により、免許証の再交付を受けたいので（別紙書類を添えて）申請します。　□※同時にアマチュア局に係る申請書を提出します。

| 再交付申請の理由 | ※<br>□汚損、破損したため<br>□失ったため<br>□氏名を変更したため | 氏名を変更した場合は右の欄<br>に変更前の氏名を記入してく<br>ださい。 | 変更前<br>の氏名 | フリガナ<br>漢字 |
|---|---|---|---|---|

注意
1　太枠内の所定の欄に黒インク又は黒ボールペンで記入してください。ただし、※のある欄では口枠内にレ印を記入してください。
2　この用紙は機械で読み取りますので、写真や所持人自署欄に折り目をつけたり、署名が枠にかかったり、はみ出ないようにしてください。
3　申請の際に必要な書類等は次のとおりです。

| 免許申請 | 国 家 試 験 合 格 | 氏名及び生年月日を証する書類 | 免許証の郵送を希望するとき |
|---|---|---|---|
| | 養 成 課 程 修 了 | 修了証明書等、氏名及び生年月日を証する書類 | は所要の郵便切手をはり、申 |
| | 資格、業務経歴等 | 業務経歴証明書、修了証明書（認定講習を受講した場合に限る。）、氏名及び生年月日を証する書類 | 請の郵便番号、住所及び氏名を |
| | 学 校 卒 業 | 科目履修証明書、履修内容証明書（科目確認を受けていない学校を卒業（専門職大学の前期課程にあっては、修<br>了）した人に限る。）、卒業証明書（専門職大学の前期課程を修了した人にあっては、修了証明書）、氏名及び<br>生年月日を証する書類 | 記載した返信用封筒を添えて、<br>信書便の場合はそれに準じた方 |
| 再交付申請 | 氏 名 変 更 | 免許証、氏名の変更の事実を証する書類 | 法により申請してください。 |
| | 汚 損 、 破 損 | 汚損、又は破損した免許証 | |

（数字の単位は、ミリメートル）

（用紙は日本産業規格A列4番・白色）

注　総務大臣又は総合通信局長がこの様式に代わるものとして認めた場合は、それによることができる。

### 資料6 特殊無線技士（第一級海上特殊無線技士を除く。）の無線従事者 免許証の様式（従事者47条、別表13号）

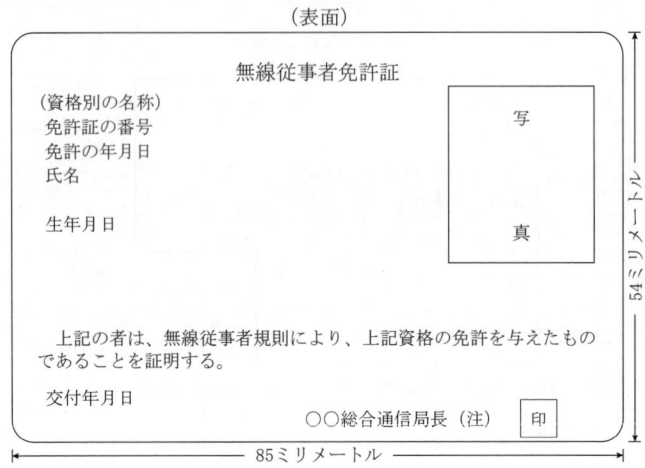

（表面）

無線従事者免許証

（資格別の名称）
免許証の番号
免許の年月日
氏名

生年月日

写
真

　上記の者は、無線従事者規則により、上記資格の免許を与えたものであることを証明する。

交付年月日

〇〇総合通信局長（注）　　印

―――――― 85ミリメートル ――――――

54ミリメートル

（裏面）

（注意事項）

1　法律に別段の定めがある場合を除くほか、特定の相手方に対して
　行われる無線通信を傍受してその存在若しくは内容を漏らし、又は
　窃用してはならない。
2　業務に従事中は、この免許証を携帯していなければならない。

注　所轄総合通信局長（沖縄総合通信事務所長を含む。）とする。

## 資料7　無線電話通信の略語（運用14条、別表4号抜粋）

| 略　　　語 | 略　　　語 |
|---|---|
| 遭難 又は メーデー | さようなら |
| 緊急 又は パン　パン | 誰かこちらを呼びましたか |
| 警報 又は セキュリテ | 明りょう度 |
| 衛生輸送体 又は メディカル | 感度 |
| 非常 | そちらは…（周波数、周波数帯又は通信路）に変えてください |
| 各局 | こちらは……（周波数、周波数帯又は通信路）を聴取します |
| 医療 | 通報が……（通数）通あります |
| こちらは | 通報はありません |
| どうぞ | 通信停止遭難 又は シーロンス　メーデー |
| 了解 又は ＯＫ | 通信停止遭難 又は シーロンス　ディストレス |
| お待ちください | 遭難通信終了 又は シーロンス　フィニィ |
| 反復 | 沈黙一部解除 又は プルドンス |
| ただいま試験中 | |
| 本日は晴天なり | |
| 訂正 | |
| 終り | |

## 資料8　通話表（運用14条、別表5号）

### 1　和文通話表

| 文 | | | | 字 | | | | | |
|---|---|---|---|---|---|---|---|---|---|
| ア | 朝日の　ア | イ | いろはの　イ | ウ | 上野の　ウ | エ | 英語の　エ | オ | 大阪の　オ |
| カ | 為替の　カ | キ | 切手の　キ | ク | クラブの　ク | ケ | 景色の　ケ | コ | 子供の　コ |
| サ | 桜の　サ | シ | 新聞の　シ | ス | すずめの　ス | セ | 世界の　セ | ソ | そろばんの　ソ |
| タ | 煙草の　タ | チ | ちどりの　チ | ツ | つるかめの　ツ | テ | 手紙の　テ | ト | 東京の　ト |
| ナ | 名古屋の　ナ | ニ | 日本の　ニ | ヌ | 沼津の　ヌ | ネ | ねずみの　ネ | ノ | 野原の　ノ |
| ハ | はがきの　ハ | ヒ | 飛行機の　ヒ | フ | 富士山の　フ | ヘ | 平和の　ヘ | ホ | 保険の　ホ |
| マ | マッチの　マ | ミ | 三笠の　ミ | ム | 無線の　ム | メ | 明治の　メ | モ | もみじの　モ |
| ヤ | 大和の　ヤ | | | ユ | 弓矢の　ユ | | | ヨ | 吉野の　ヨ |
| ラ | ラジオの　ラ | リ | りんごの　リ | ル | るすいの　ル | レ | れんげの　レ | ロ | ローマの　ロ |
| ワ | わらびの　ワ | ヰ | ゐどの　ヰ | | | ヱ | かぎのある　ヱ | ヲ | 尾張の　ヲ |
| ン | おしまいの　ン | ゛ | 濁点 | ゜ | 半濁点 | | | | |

| 数 | | | | 字 | | | | | |
|---|---|---|---|---|---|---|---|---|---|
| 一 | 数字のひと | 二 | 数字のに | 三 | 数字のさん | 四 | 数字のよん | 五 | 数字のご |
| 六 | 数字のろく | 七 | 数字のなな | 八 | 数字のはち | 九 | 数字のきゅう | ○ | 数字のまる |

| 記 | | | | 号 | | | | |
|---|---|---|---|---|---|---|---|---|
| ー | 長音 | 、 | 区切点 | ∟ | 段落 | ⌒ | 下向括弧 | ⌣ | 上向括弧 |

注　数字を送信する場合には、誤りを生ずるおそれがないと認めるときは、通常の発音による
　　（例「1500」は、「せんごひゃく」とする。）か、又は「数字の」語を省略する（例「1500」
　　は、「ひとごまるまる」とする。）ことができる。

　「使用例」
　　1　「ア」は、「朝日のア」と送る。
　　2　「バ」は「はがきのハに濁点」、「パ」は「はがきのハに半濁点」と送る。

## 2 欧文通話表

文字

| 文字 | 使用する語 | 発音 | |
|---|---|---|---|
| | | ラテンアルファベットによる英語式の表示 (国際音標文字による表示) | |
| A | ALFA | AL FAH（´ælfə） | |
| B | BRAVO | BRAH VOH（´bra:´vou） | |
| C | CHARLIE | CHAR LEE（´tʃa:li）又は SHAR LEE（´ʃa:li） | |
| D | DELTA | DELL TAH（´deltə） | |
| E | ECHO | ECK OH（´ekou） | |
| F | FOXTROT | FOKS TROT（´fɔkstrɔt） | |
| G | GOLF | GOLF（gɔlf） | |
| H | HOTEL | HOH TELL（hou´tel） | |
| I | INDIA | IN DEE AH（´indiə） | |
| J | JULIETT | JEW LEE ETT（´dʒu:ljet） | |
| K | KILO | KEY LOH（´ki:lou） | |
| L | LIMA | LEE MAH（´li:mə） | |
| M | MIKE | MIKE（maik） | |
| N | NOVEMBER | NO VEM BER（no´vembə） | |
| O | OSCAR | OSS CAH（´ɔskə） | |
| P | PAPA | PAH PAH（pa´pa） | |
| Q | QUEBEC | KEH BECK（ke´bek） | |
| R | ROMEO | ROW ME OH（´roumiou） | |
| S | SIERRA | SEE AIR RAH（si´erə） | |
| T | TANGO | TANG GO（´tæŋgo） | |
| U | UNIFORM | YOU NEE FORM（´ju:nifɔ:m）又は OO NEE FORM（´u:nifɔrm） | |
| V | VICTOR | VIK TAH（´viktə） | |
| W | WHISKEY | WISS KEY（´wiski） | |
| X | X-RAY | ECKS RAY（´eks´rei） | |
| Y | YANKEE | YANG KEY（´jæŋki） | |
| Z | ZULU | ZOO LOO（´zu:lu:） | |

注 ラテンアルファベットによる英語式の発音の表示において、下線を付してある部分は語勢の強いことを示す。

「使用例」「A」は、「AL FAH」と送る。

## 資料９　無線従事者選解任届の様式（施行34条の４、別表３号）（総務大臣又は

総合通信局長がこの様式に代るものとして認めた場合は、それによることができる。）

主任無線従事者
無線従事者　選(解)任届

年　　月　　日

総務大臣殿

住　　所

氏名又は名称

法人番号

次のとおり主任無線従事者を選(解)任したので、電波法
　　　　　無線従事者

第39条第4項
第51条において準用する同
第70条の9第3項において準
第70条の9第3項において準

法第39条第4項
用する同法第39条第4項　　　　　　　　　の規定により届けます。
用する同法第51条において準用する同法第39条第4項

| 従事する無線局の免許等の番号、識別信号及び無線設備の設置場所 | | | |
|---|---|---|---|
| 1　選任又は解任の別 | | | |
| 2　同　上　年　月　日 | | | |
| 3　主任無線従事者又は無線従事者の別 | | | |
| 4　主任無線従事者が監督を行う無線設備の範囲 | | | |
| 5　主任無線従事者が無線局の監督以外の業務を行うときはその業務の概要 | | | |
| 6　(ふ　り　が　な)　氏　　　　名 | | | |
| 7　住　　　　　　所 | | | |
| 8　資　　　　　　格 | | | |
| 9　免　許　証　の　番　号 | | | |
| 10　無線従事者免許の年月日 | | | |
| 11　船舶局無線従事者証明書の番号 | | | |
| 12　船舶局無線従事者証明の年月日 | | | |
| 13　無線設備の操作又は監督に関する業務経歴の概要 | | | |

長

辺

短　　　　　辺　　　　（日本産業規格A列4番）

注（省略）

## 資料10 電波の型式の表示

電波の型式の表示は、主搬送波の変調の型式、主搬送波を変調する信号の性質、伝送情報の型式のそれぞれの記号の順に並べて表示する（施行4条の2）。

例、振幅変調の両側波帯でアナログ信号の単一チャネルの電話は、A3Eと表示する。

| 主搬送波の変調の型式 | | 記号 | 主搬送波を変調する信号の性質 | 記号 | 伝送情報の型式 | 記号 |
|---|---|---|---|---|---|---|
| 分　　　類 | | 記号 | 分　　類 | 記号 | 分　　類 | 記号 |
| 無　　変　　調 | | N | | | 無　情　報 | N |
| 振幅変調 | 両　側　波　帯 | A | 変調信号なし | 0 | | |
| | 単側波帯・全搬送波 | H | | | 電　　信（聴覚受信） | A |
| | 〃・低減搬送波 | R | デジタル信号の単一チャネルで変調のための副搬送波を使用しないもの | 1 | | |
| | 〃・抑圧搬送波 | J | | | 電　　信（自動受信） | B |
| | 独　立　側　波　帯 | B | | | | |
| | 残　留　側　波　帯 | C | デジタル信号の単一チャネルで変調のための副搬送波を使用するもの | 2 | ファクシミリ | C |
| 角度変調 | 周　波　数　変　調 | F | | | | |
| | 位　相　変　調 | G | アナログ信号の単一チャネル | 3 | データ伝送・遠隔測定・遠隔指令 | D |
| 振幅変調及び角度変調であって同時に又は一定の順序で変調するもの | | D | | | | |
| パルス変調 | 無変調パルス列 | P | デジタル信号の2以上のチャネル | 7 | 電　　話（音響の放送を含む。） | E |
| | 変調パルス列 | 振　幅　変　調 | K | | | |
| | | 幅変調又は時間変調 | L | アナログ信号の2以上のチャネル | 8 | | |
| | | 位置変調又は位相変調 | M | | | テレビジョン（映像に限る。） | F |
| | | パルス期間中に搬送波を角度変調 | Q | デジタル信号の1又は2以上のチャネルとアナログ信号の1又は2以上のチャネルを複合 | 9 | | |
| | | 上記の変調の組合せ又は他の方法による変調 | V | | | 以上の型式の組合せ | W |
| 上記に該当しないもので、振幅変調、角度変調又はパルス変調のうち2以上を組み合わせて、同時に、又は一定の順序で変調するもの | | W | その他 | X | その他 | X |
| その他 | | X | | | | |

### 資料11　船舶共通通信システムの国際VHF

　船舶に搭載された無線通信システムは、船舶の規模・用途ごとに使用される無線機器が異なるため、これらの船舶同士が衝突等の危険にさらされた場合、衝突回避の連絡を相互に取り合うことが困難な状況にあります。（大型船等が搭載している国際VHFは、漁船等の小型船舶に搭載していない場合が多いため、相互の通信ができないことが多い。）

　このため船舶のより安全な航行を実現するため、小型船舶等に任意で設置することができる船舶共通通信システムの国際VHFが制度化されました。

　船舶共通通信システムの国際VHFは、ハンディ型（5W）と据置型（25W※）があり、DSC※（デジタル選択呼出装置：簡単な操作でグループ呼出や遭難信号の発信が可能）機能が付いたものもあります。

　※第2級海上特殊無線技士以上の資格が必要

### 船舶共通通信システムの国際VHFの運用方法

○　連絡設定用の「呼出・応答用チャンネル」で相手局を呼び出し、連絡が取れたら速やかに船舶局用又は湾岸局用の「通信チャンネル」に切り替えて通信を行います。

| 呼出・応答用チャンネル | |
|---|---|
| 16 | 一般呼出・応答用。遭難、緊急または安全のための呼出、応答および通報にも使用されます。 |
| 77 | 小型船舶同士または所属海岸局との呼出・応答用。小型船舶同士は輻輳を避けるため、このチャンネルでの連絡設定を推奨します。 |
| 70 | ＤＳＣ（デジタル選択呼出装置）での呼出・応答用 |

| 用途別通話チャンネル | |
|---|---|
| 6、8、10 | 全ての船舶（主に航行用） |
| 13 | 全ての船舶（航行安全通信用）<br>＊海上保安庁の海岸局も含む。 |
| 69、72、73 | 小型船舶間 |
| 9 | 海上保安庁の海岸局・船舶 |
| 11、12、14 | 海上保安庁・ポートラジオ |
| 71、74、79 | マリーナ・セーリング連盟などのレジャー船用海岸局 |

航行中は、呼出用チャンネルであるCH16及びCH77を聴守しましょう。

【連絡設定（呼出・応答）の方法】

　自　船（○○丸）：××号、××号、こちらは、○○丸、○○丸

　相手船（××号）：○○丸、○○丸、こちらは、××号、どうぞ

　自　船（○○丸）：××号、こちらは、○○号、チャンネル6に変更
　　　　　　　　　　お願いします。

　相手船（××号）：チャンネル6、了解

　（手動でチャンネル6に変更後、通話）


○　遭難時の運用については、「5.2.3　遭難通信」による外、以下のとおりです。

　・無線電話による遭難通信は、CH16（F3E　電波　156.8MHz）で行います。　　　　　　　　　　　　　　　　　　（運用70条の2・1項）

　・DSCによる遭難警報の送信は、[DISTRESS]ボタンを長押しし、DSCが遭難警報を発した後、続けて無線電話によりCH16で遭難通報を行います。　　　　　　　　　　　　　（運用70条の2・1項、運用75条1項）

　・誤って遭難警報を送信した場合は、直ちにその旨を海上保安庁へ通報しなければなりません。（運用75条4項）

　・DSCにより誤って遭難警報を送信した場合は、DSCの送信を解除してから、無線電話によりCH16で次の事項を順次送信して遭難警報を取

り消す旨の通報を行わなければなりません。(運用75条5項)

① 各局　　　　　　　　　　　　　　　　　　　　3回

② こちらは　　　　　　　　　　　　　　　　　　1回

③ 遭難警報を送信した船舶の船名　　　　　　　　3回

④ 自局の呼出符号又は呼出名称　　　　　　　　　1回

⑤ 海上移動業務識別(MMSI)　　　　　　　　　1回

⑥ 遭難警報取消し　　　　　　　　　　　　　　　1回

⑦ 遭難警報を発射した時刻(協定世界時であること)　1回

(総務省資料を基に作成)

# 第 2 編

# 無 線 工 学

# 第1章　電波の性質

## 1.1　電波の発生

　静かな池の水面に石を投げ込むと、投げ込んだ点を中心として波の輪が広がっていく。

　電波もこれと同じように、アンテナに周波数の高い交流（高周波電流）を流すと、これが電波となって、アンテナからあらゆる方向へ光と同じ速さで空間を伝わっていく。

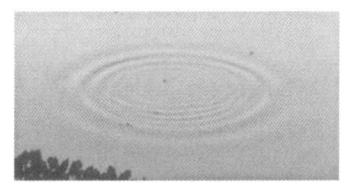

写真 1.1　波　紋
（水面に広がる波紋：電波の広がりに似ている）

## 1.2　電波の波長と周波数

　電波は、写真1.1の池の水面に生じた波紋と同じように、周期的に繰り返す波動として、空間を伝わっていくが、その伝わる速度は、光の速さと同じで1秒間に**30万**〔km〕（$3 \times 10^8$〔m/s〕）である。

　また、第1.1図のように、AA′ あるいはBB′ などのように同一状態の2点間の長さを**波長**という。

　30〔MHz〕の電波は、1秒間に3,000万回の繰り返しがあることになる。

　周波数の低い電波は、波長が長く、周波数が高くなるほど波長は短くなる。例えば、27〔MHz〕の電波の波長は約11〔m〕であり、40〔MHz〕の電波の波長は、7.5〔m〕となる。

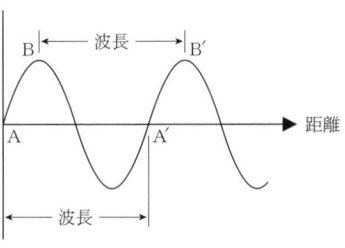

第 1.1 図　波　長

# 1.3　電波の分類

無線通信等に利用されている電波を区分すると、第1.1表のようになる。

### 第1.1表

| 周　波　数 | 波　長 | 名　称 | 各周波数帯ごとの代表的な用途 |
|---|---|---|---|
| 3〔kHz〕 | 100〔km〕 | V L F<br>（超長波） | |
| 30〔kHz〕 | 10〔km〕 | L F<br>（長波） | 船舶・航空機の航行用ビーコン<br>標準電波 |
| 300〔kHz〕 | 1〔km〕 | M F<br>（中波） | 中波放送、ナブテックス受信機<br>船舶・航空機の通信 |
| 3,000〔kHz〕<br>3〔MHz〕 | 100〔m〕 | H F<br>（短波） | 短波放送、気象放送（ファクシミリ）<br>船舶・航空機の通信 |
| 30〔MHz〕 | 10〔m〕 | V H F<br>（超短波） | AIS（船舶自動識別装置）<br>船舶・航空管制通信 |
| 300〔MHz〕 | 1〔m〕 | U H F<br>（極超短波） | GPS（無線航行）<br>航空管制用レーダー、携帯電話<br>船舶・衛星通信<br>衛星EPIRB（非常用位置指示無線標識） |
| 3,000〔MHz〕<br>3〔GHz〕 | 10〔cm〕 | S H F<br>〔マイクロ波<br>準ミリ波〕 | 各種レーダー<br>レーダートランスポンダ<br>衛星通信・衛星放送、電波天文 |
| 30〔GHz〕 | 1〔cm〕 | E H F<br>（ミリ波） | 衛星通信、各種レーダー<br>電波天文 |
| 300〔GHz〕 | 1〔mm〕 | サブミリ波 | 電波天文 |
| 3〔THz〕 | 0.1〔mm〕 | | |

(注)・各分類の周波数の範囲は、上限を含み、下限を含まない。
　　・マイクロ波、準マイクロ波、ミリ波、準ミリ波等の周波数帯の呼称について
　　　は、統一された定義はないが、それぞれ次の周波数帯を指して用いられてい
　　　ることが多い。
　　　　　準マイクロ波：1～3〔GHz〕　　　マイクロ波：3～10〔GHz〕
　　　　　準ミリ波：10～30〔GHz〕
　　・電波は300万〔MHz〕（3〔THz〕）以下の周波数の電磁波である。

# 第2章　無線通信装置

## 2.1　無線電話の原理

　私たちの音声は、いくら大きな声を出しても、そう遠くにはとどかない。そこで、遠方の人に音声を伝える方法として考えられたのが、有線電話である。

　有線電話は、送話器によって音声を電流の変化に変え、その電流を電線に流して送り、受話器で電流の変化を元の音声に変えて、耳で聞くことができるようにしたものである。

　この電線の代わりに空間を伝わる電波を利用して、音声や音楽を送り、それを受けるようにしたのが**無線電話**である。電波を放射するためのアンテナに高周波電力を供給する装置を**無線送信機**といい、アンテナを介して電波を受け、元の音声信号に戻す装置を**無線受信機**という。

　電波は、空間を伝わるので、第2.1図のようにある地点から電波を放射すると、その電波が到達する所ならどこでもアンテナを使って無線受信機で受けることができる。

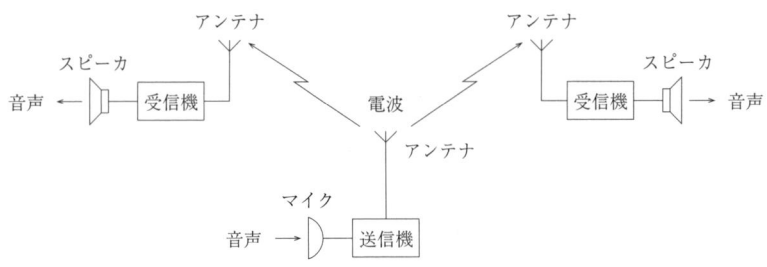

**第2.1図　無線電話の基本構成**

　有線電話の電線は、音声の電流を運ぶ役割をしているが、無線電話では、この電線に相当する運び役を受け持っている電波を**搬送波**という。搬送波には、音声振動の周波数よりはるかに高い周波数（これを**高周波**又は**無線周波**という。）が使われている。

メ モ ―――――――――――――――――――――――――――――――

　この搬送波に音声などの信号（これを変調信号という。）を乗せること
を変調という。

　変調の方法には、いろいろあるが、**振幅変調**（AM：Amplitude Modu-
lationと呼ぶ。）と**周波数変調**（FM：Frequency Modulationと呼ぶ。）の
二つが多く使われている。

## 2.2　無線送信機及び無線受信機

　第2.2図は、無線電話の原理を示す例で、電波を送り出す無線送信機と、
電波を受ける無線受信機の働きの概要は、次のとおりである。

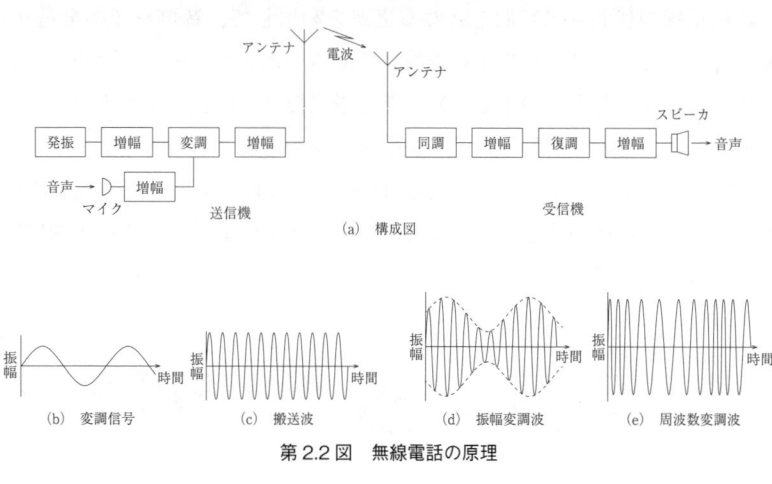

第2.2図　無線電話の原理

### 2.2.1　無線送信機

　搬送波となる高周波を発生させ（これを**発振**という。）、これを増幅（小
さな電力を大きな電力にすることを**増幅**という。）したものに、マイク
からの音声の信号を増幅したものを乗せることを**変調**という。この変調
には、図(c)の搬送波の振幅を図(b)の変調信号の振幅に応じて変化させて
図(d)のような波形に変える**振幅変調**と、図(c)の搬送波の周波数を図(b)の

変調信号の振幅に応じて変化させて図(e)のような波形に変える**周波数変調**が主に用いられている。さらに、これを増幅してアンテナから電波として放射する。

### 2.2.2　無線受信機

　アンテナを用いて空間に**放射**されている電波の中から目的とする電波を選び出す。私たちが、ラジオの受信機で希望する放送局の番組を聴こうとするとき、ダイヤルを回し、希望する放送局の周波数に合わせる。このように希望する電波の周波数を選び出すことを**同調を取る**（共振させる。）という。受信された電波は、空間を伝わる途中で弱くなっているので、増幅を必要とする。次に、搬送波に乗せて運ばれてきた音声の信号を取り出すことを復調という。（これは図(d)の振幅変調波、図(e)の周波数変調波から図(c)の搬送波成分を取り除き、図(b)の変調信号を再現することである。）これを増幅してスピーカに加え、電気信号を音の振動に変えて、音声が聞こえるようになる。

## 2.3　無線電話装置の概要

　無線電話装置は、第2.3図のように無線送信機、無線受信機、電源及びアンテナで構成されており、送受信機は一つのきょう体に組み込まれている。

　海上移動業務で使用する装置は、一般に周波数切換器があり、一つの装置で幾つかの周波数（チャネル）を切り換えて送受信ができるようになっている。

　また、同一の周波数を送信と受信に使用しているので、相手局の電波を受信しているときは、自局から送信することはできない。このように、家庭で使用している電話と違って交互に送信する方式で通信が行われている（このような通信の方式を**単信方式**という。）。

マイクに付いているボタン（プレストークボタンという。）を押している間は送信状態になり、ボタンを離すと受信状態になる。

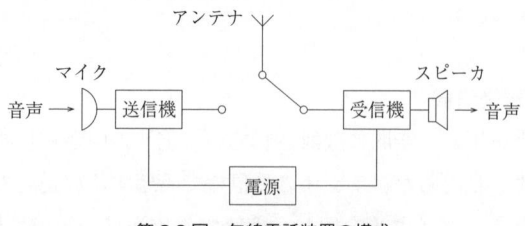

第2.3図　無線電話装置の構成

## 2.4　DSB、SSB及びFM

　無線電話は、音声信号を搬送波に乗せて電波として送る通信方式で、無線電話の原理（2.1）でAM方式（振幅変調）とFM方式（周波数変調）の二つの変調方式があることを説明した。

　AM方式では、搬送波を音声信号で変調すると、第2.4図(a)のように運び役である搬送波の上下に二つの側波帯ができ、この二つの側波帯は、いつも同じ変化をしている。このような通信の方式をDSB（両側に側波帯があるので、両側波帯：Double Side Band）方式という。

　また、上下の測波帯のいずれか一方のみを伝送する方式をSSB（Single Side Band）方式という。

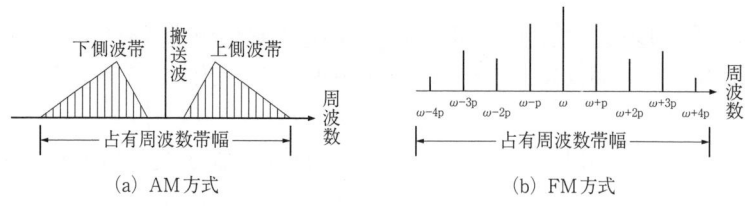

第2.4図　無線電話における電波の周波数成分

FM方式は、搬送波の周波数を音声信号で変化させて送る方式で、外部雑音に対して強く、忠実度がよいという性質を有しているが第2.4図(b)のように帯域幅が広くなるので、主としてVHF帯以上で利用されている。

漁業通信やプレジャーボート等で使用されている電波の変調方式は周波数帯により、次のようになっている。

① 27〔MHz〕帯ではDSB方式とSSB方式

② 40〔MHz〕帯ではDSB方式

③ 150〔MHz〕帯ではDSB方式とFM方式

④ 400〔MHz〕帯ではFM方式

## 2.5 船舶通信のための無線通信装置

### 2.5.1 40〔MHz〕帯送受信機の操作要領

(1) 第2.5図は、40〔MHz〕帯DSB送受信機の例について、装置の操作用つまみ、スイッチなどの名称及び使用目的の概要を示したものである。

操作パネル

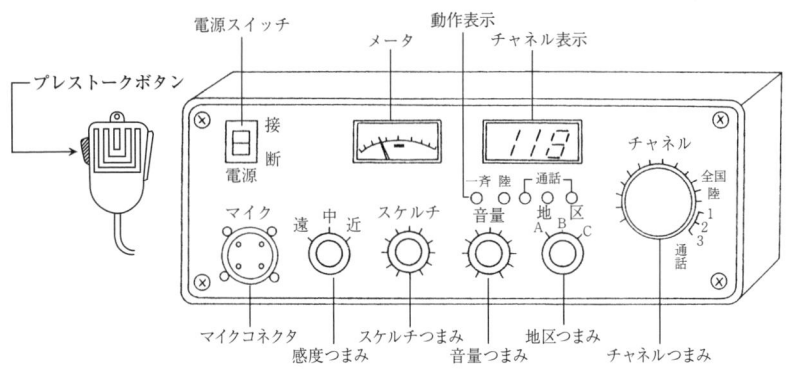

第2.5図 40〔MHz〕帯 DSB 送受信機の例

| 電源スイッチ | スイッチを「ON：接」にすると電源が入り、メータ部が点灯する。 |
|---|---|
| メ　ー　タ | 受信時は、受信電波の強さに応じてメータが振れ、相手局の電波の強さが分かる。 |
| | マイクのプレストークボタンを押すとメータが振れ、アンテナ出力が確認できる。なお、メータの振れがマーク付近であれば、送信出力は正常である。 |
| 動　作　表　示 | 海岸局から全船舶への通報や個別の船への通報などがあるとき、それぞれの通報に応じてランプが点灯し、その動作が表示される。 |
| チャネル表示 | 40〔MHz〕帯DSBでは、周波数による表示の代わりに、記号による表示を採用している。このチャネル番号による記号表示は、免許状においても使用される。 |
| チャネルつまみ | つまみを回して希望チャネル（周波数）に合わせる。 |
| 地区つまみ | 希望する地区（所属海岸局）に合わせる。 |
| 音量つまみ | 聞きやすい音の大きさに調整する。 |
| スケルチつまみ | スケルチは、受信待受け時に雑音が聞こえないようにしておき、良好な受信を行うために使用する。 |
| 感度つまみ | 通常、つまみを「遠」の位置にしておく。 |
| | 近くの船と通信するときは、電波が強すぎて音質が悪くなるので、「近」に切り換えると明りょうに受信することができる。 |
| マイクコネクタ | マイクを接続する端子である。 |

(2) 受信の操作

ア　電源スイッチを「ON：接」にすると、メータ部のランプ（又は電源ランプ）が点灯し、無線機が動作していることを示す。

イ　地区つまみを希望する地区に合わせる。

ウ　チャネルつまみを受信したいチャネル番号に合わせる。

　　受信状態に応じて、感度つまみとスケルチを調整する。

　　スピーカの音量を音量つまみで調整する。

エ　感度つまみとスケルチつまみの調整

　　最も受信感度の良いつまみの位置は、感度つまみを「遠」（機器によっては、この「遠」「近」が左右逆になっているものがある。）に、スケルチつまみを左いっぱいに回した位置である。

(ア)　遠距離通信を行う場合

　　感度つまみを「遠」の位置にし、スケルチつまみを左いっぱいに回した位置から少しずつ右に回し、雑音が消えた点に設定する。

　　スケルチつまみを右に回し過ぎると、遠い局の電波を受信できないことがあるので注意が必要である。

(イ)　中・近距離通信を行う場合

　　沿岸で操業し、また、僚船も近くで操業しているため、遠い局と通信する必要がない場合は、感度つまみを「近」にして、混信や隣接波の妨害を受けないように設定する。

　　受信状態では、メータは電波の強さに応じて振れる。

　　感度つまみをいつも「近」にしておくと、近距離の局しか受信できないので、使用後は、必ず「遠」の位置にしておくことが必要である。

　　感度つまみを切り換えたときは、スケルチつまみの再調整も必要になる。

　　初めに、スケルチつまみを左いっぱいに回す。このとき希望信号が入っていない場合には、雑音が聞こえる。

　　　　次に、つまみを右に回し、雑音の消えた所で止める。この状態で希望信号が入ってくれば、自動的に受信信号が聞こえる。回し過ぎると感度が低下する。受信感度が低下していると思われる場合は、このスケルチつまみを回し過ぎていないかを確認する。

　　　　なお、発電機などを作動させると雑音の消える位置が変わるので、再度調整が必要となる。

(3)　送信の操作

　ア　送話する場合は、チャネルつまみの位置（周波数）を確認し、他船が通話中でないことを確かめてからマイクのプレストークボタンを押したまま、マイクを口から約 5 〜 10〔cm〕離して話す。口に近づけ過ぎたり、大きな声で話すと音声がひずみ、かえって聞き取りにくくなるので、注意が必要である。

　イ　送信中は、メータの指示が目盛中央の「−」マーク付近にあれば、送信出力は正常である。

　ウ　送話が終了し、マイクのプレストークボタンを離すと、受信状態になる。

　エ　使用完了の時

　　　本機を使用しないときは、必ず電源スイッチを切る。（断の位置）

　　　電源スイッチを切ると、メータ部のランプ又は電源ランプは消える。

(4)　陸上通話の操作

　　　船舶局と陸上の加入電話と直接通話するのが、陸上通話である。陸上通話をするときの操作は、次のとおりである。

　ア　船舶局から陸上の公共機関等を呼び出して通話する場合

　　(ア)　地区つまみを希望の地区に合わせるとともに、チャネルつまみを地区陸船波に合わせる。

　　(イ)　海岸局が通話中でないことを確かめた後、海岸局を呼び出す。

　　(ウ)　海岸局から応答があれば、自局の船名又は個別呼出番号及び陸上の通話先を告げ、通話の申込みをする。

(エ) 海岸局は、陸上の通話先を呼び出すとともに、地区陸船波によって使用する陸上通話波のチャネル番号を、船舶局に指示する。

(オ) 船舶局は、指示された陸上通話波のチャネルに合わせて待つ。

(カ) 海岸局は、陸上の通話先の電話に接続すると、個別呼出番号を送信し、船舶局のブザー等が鳴り、陸上通話波による通話が可能となる。

(キ) 船舶局は、マイクのプレストークボタンを操作して、陸上の公共機関等と通話をする。

(ク) 通話が終わったときは、チャネルつまみを船間波に戻す。

(ケ) 送受信の操作は、2.5.1(2)(3)のとおり。

イ 陸上から船舶局を呼び出して通話する場合

(ア) 一般の電話機から、海岸局が指定した加入電話番号へ電話し、海岸局の無線従事者に船名又は個別呼出番号を告げ、船舶局と通話したい旨を伝える。

(イ) 船舶局は、地区つまみを希望の地区に合わせ、海岸局からの呼出しの待受け状態にしておく。

(ウ) 海岸局から呼出しを受けると、該当する船舶局のブザー等が鳴る。

(エ) 呼出しを受けた船舶局は、チャネルつまみを地区陸船波に合わせて海岸局の呼出しに応答する。

海岸局から、陸上からの通話の申込みがあったことが告げられ、使用する陸上通話波のチャネル番号が指示される。

(オ) 指示されたチャネルに合わせて、陸上の申込者と通話する。

(カ) なお、船舶局と陸上との通話は、個別呼出しを受けたときのみ、通話が可能となり、個別呼出を受けないときは、陸上通話波による通話はできない。

海岸局からの呼出しには、個別呼出しと、一括呼出しがある

が、その区分は、パネル面に表示される。

### 2.5.2　27〔MHz〕帯送受信機の操作要領

　27〔MHz〕帯の送受信機の操作も、基本的には前述の2.5.1(2)(3)と同様であるが、27〔MHz〕帯には、遭難通信、緊急通信、安全通信に使用する27,524〔kHz〕の注意信号のボタンがある。

　注意信号の取扱いについては、遭難通信、緊急通信、安全通信、海上保安業務に関し急を要する通信及びその他船舶の安全航行に関し急を要する通信を行う前に、その前置信号として発射するもので、次の順序で操作する。

　ア　周波数は、必ずチャネル1（27,524〔kHz〕）にする。その他の周波数では、注意信号の発射はできない。

　イ　注意信号発生押ボタンを5秒間押す。

　ウ　マイクのプレストークボタンを押して、通信の内容（船名、船の位置、遭難の状況等）について送話する。

### 2.5.3　150〔MHz〕帯送受信機の操作要領

　第2.6図は、150〔MHz〕帯国際VHF（ヨット、プレジャーボート用）送受信機の例について、装置のつまみ、スイッチなどの名称及び基本操作の仕方を示している。

（1） 前面/側面パネル

アンテナ
コネクター

スピーカー
マイクロホン
コネクター

ＰＴＴ(送信)
スイッチ

チャンネル16キー

音量・スケルチ/
モニターキー

スキャン/
デュアルキー

マイク

表示部

アップ/ダウンキー

フェイバリット/
タグキー

チャンネル/
ウェザーチャンネルキー

送信出力/ロックキー

電源キー

最大音量/ミュートキー

スピーカー

第 2.6 図　150〔MHz〕帯 国際 VHF 送受信機の例

| アンテナコネクター | 付属のアンテナを接続する。 |
|---|---|
| スピーカーマイクロホンコネクター | 外部スピーカーマイクロホンを取り付ける。 |
| PTT(送信)スイッチ | 押しているあいだは送信状態、はなすと受信状態になる。 |
| チャンネル16キー | キーを短く押すと、チャンネル16を選択する。キーを長く（約１秒）押すと、コールチャンネルを選択する。 |
| 音量・スケルチ/モニターキー | キーを短く押すごとに音量調整モードとスケルチ調整モードが切り替わる。 |
| スキャン/デュアルキー | キーを短く押すと、通常スキャン、またはプライオリティースキャンをスタートする。 |

| アップ/ダウンキー | 運用チャンネルを選択する。 |
|---|---|

　スケルチ調整モードでスケルチレベル、音量調整モードで音量レベルを変更する。

| フェイバリット/タグキー | キーを短く押すごとに、タグ（スキャン対象）チャンネルだけを順番に選択する。 |
|---|---|

| チャンネル/ウェザーチャンネルキー | キーを短く押すごとに、ウェザーチャンネルと国際チャンネルグループを切り替える。（ウェザーチャンネルは米国で運用されているサービスのため、日本の海域、および近海では受信できない。） |
|---|---|

| 送信出力/ロックキー | キーを短く押すごとに、送信出力（High/Low）を切り替える。 |
|---|---|

　キーを長く（約1秒）押すごとに、ロック機能をON/OFFする。

| 電　源　キ　ー | キーを長く押すごとに電源をON/OFFする。 |
|---|---|
| 最大音量/ミュートキー | キーを短く押すごとに、最大音量機能をON/OFFする。 |

(2)　基本操作

　音量レベル調整

　　音量レベルは、[VOL/SQL MONI]と［△］/［▽］を使って調整する。

　スケルチレベル調整

　　スケルチレベルは［VOL/SQL MONI］と［△］/［▽］を使って調整する。

　　信号を正しく受信したり、スキャンを効率よく動作させたりするために、スケルチを適切なレベルに調整しておく必要がある。

受信と送信

①電源ボタンを長く押して、電源をONにする。

②音量レベルとスケルチレベルを設定する。

［VOL/SQL MONI］を押すと、音量とスケルチを設定できる。

・スケルチ調整モードに入り、［▽］を数回押してスケルチを開く。

・音量調整モードに入り、［△］/［▽］でボリュームを調整する。

・スケルチ調整モードにもう一度入り、ノイズが消えるまで［△］
を押す。

③［△］/［▽］を押して、運用するチャンネルを選択する。

・信号を受信すると、表示が点灯し、スピーカーから音声が聞こえ
る。

・必要に応じて、音量を調整する。

④［Hi/Lo］を短く押して、送信出力を切り替える。

・Lowパワー選択時、「LOW」が点灯する。Highパワーを選択する
と、「LOW」が消灯する。

・近距離通信の場合にはLowパワーを、長距離通信の場合にはHigh
パワーを選択する。

・Lowパワーしか使えないチャンネルがある。

⑤［PTT］を押しながら、マイクに向かって話す。

⑥［PTT］をはなすと、受信状態に戻る。

## 2.5.4 400〔MHz〕帯送受信機の操作要領

FM方式による無線電話で、基本操作は他のFM方式と同様である。
主にモーターボート、ヨット等のプレジャーボートで使用されており、
4チャネルが割り当てられている。

## 2.5.5 注意事項

無線設備を使用する場合は、次のことに注意すること。

(1)　送受信機は、風通しのよい温度の低い場所に設置し、雨水などのかかる場所や直射日光の当たる所は避ける。

(2)　アンテナの位置は高く、周囲に障害物のない場所（マスト等）に取り付ける。近くに金属物体があると性能が悪くなるので注意する。

(3)　アンテナは勝手に移動させてはいけない。

(4)　無線機の使用に当たっては、使用する機器の取扱説明書を参照する。

(5)　給電線、マイク、スピーカ及び電源が確実に接続されているか、また、コード類が切れかかっていないかを点検する。

(6)　電源は、規定の電圧のものを使用する。

(7)　下船する際には必ず電源スイッチを「OFF」にする。

## 2.6　施行規則28条に定める送信設備及び受信設備

### 2.6.1　衛星非常用位置指示無線標識

（衛星EPIRB：Emergency Position Indicating Radio Beacon）

　遭難自動通報設備のひとつで、海洋で水中に没したとき水圧を感知して自動的に離脱し、浮上して遭難信号（406〔MHz〕）を周回軌道衛星（コスパス・サーサット）に向けて遭難信号を発射する。衛星を経由して地上に送られた信号を地上局が受信して遭難船の位置、識別符号、遭難時刻などを解読し遭難救助活動を開始する。また、ホーミング用の121.5〔MHz〕も装備している。電源は48時間持続するようになっている。

　EPIRBは、所定の条件を満たすと自動的に遭難信号を発射するシステムであるから、設置及び取扱には、十分な注意と配慮が必要である。

　操作ミスによって誤って遭難信号を発射してしまった場合には、直ちに発射停止するとともに速やかに捜索救助機関（海上保安庁）に連絡しなければならない。

自動離脱装置　　　　　衛星非常用位置指示無線標識

写真 2.1　衛星非常用位置指示無線標識の例

### 2.6.2　ナブテックス受信機（NAVTEX）

　今まで無線電信で送られていた海上安全情報を自動的に受信できるようにしたものである。写真2.2にその一例を示す。

　海岸局から300海里程度以内を航行する船舶に向けて放送されている海上安全情報（航行警報、海上警報、海上予報、捜索・救難情報など）を自動的に受信し、メッセージメモリー機能を持ち専用の画面で表示するか、又はプリンタで印字するものである。

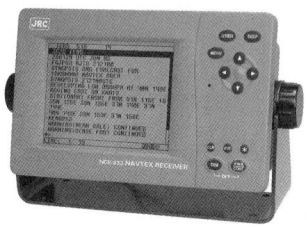

写真 2.2　ナブテックス受信機の例

　国際ナブテックス（英語、518〔kHz〕）と日本近海の日本船を対象にした日本語ナブテックス（日本語、424〔kHz〕）がある。コンピュータが内蔵されており、放送される情報を全て受信するが、同じメッセージは二度印字しないようになっている。

### 2.6.3　DSC通信装置

　デジタル選択呼出（DSC:Digital Selective Call）通信装置は、GMDSS（Global Maritime Distress and Safty System：全世界海上遭難システム）関連装置の一つで、デジタル信号を用いて遭難警報の発信、緊急通報及び安全通報の予告、一般呼出しを行い、受信はデジタル選択呼出専用受信機により自動的に行われ、内容はディスプレイ表示又はプリントアウトされる。

　選択呼出とは、デジタル形式で特定の船の識別番号を用いて呼び出すと、各船が聴取する周波数を使用しても他船には聴取されることなく相手の船のみに接続する呼出方式をいう。

　呼出しには、個別呼出の他、地域呼出、グループ呼出及び全船呼出などが可能である。なお、遭難警報発信の際の自動位置表示及び地域呼出受信を可能にするため、航法機器からの位置信号を取り込んでいる。

　装置は通常、送受信機に内蔵され、プリンタが外付けになっている。

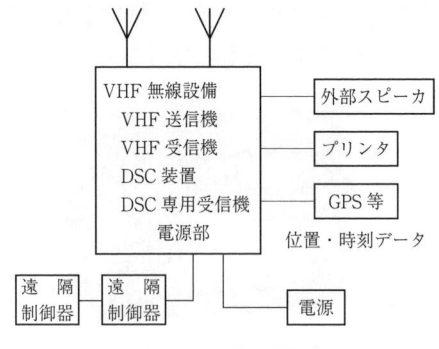

第2.7 図　DSC 通信装置構成図

GPS等の航法装置から、位置及び測定時刻を取り込むことにより、遭難警報発信時の位置及び測定時刻が自動的に入力され、また、海域呼出に対応が可能となる。

### 2.6.4　ファクシミリ

ファクシミリは、文字、図面、絵画又は写真などの静止した原画を微小区画に分解し、これを電気信号に変換して伝送し、受信側でこれを組み立てて、原画を再現し、記録する通信設備である。

現在、我が国で船舶向けに運用されているファクシミリは、船舶の航行の安全と効率的な航行を目的とする天気解析図、海流図、天気予想図及び新聞形式の活字による情報を定められた時刻に放送している。HF帯の搬送波に対して白信号が＋400〔Hz〕、黒信号が－400〔Hz〕で変調されて送信され、大型船舶や遠洋漁船はもとより、小型漁船やセールボートの情報源としても利用されている。

写真2.3は船舶用気象ファクシミリ装置の外観例である。

写真 2.3　船舶用気象ファクシミリ装置

### 2.6.5 狭帯域直接印刷電信装置

(1) 装置の概要

　狭帯域直接印刷電信装置(NBDP：Narrow Band Direct Printing)は、GMDSSがモールス無線電信に替わる船舶無線通信手段として導入したもので、SSB送受信機に接続して、遭難、安全及び一般無線通信用として、テレックス通信を行うための装置である。変調はFSKで、短波帯（4 ～ 26.175〔MHz〕）のF1B電波が用いられる。

(2) 通信方式

　1対1で行う自動再送要求方式（ARQ：Automatic Repeat Request）と1対多数で行う一方向誤り訂正方式（FEC：Forward Error Correction）とがある。

### 2.6.6 船舶自動識別装置

(1) AIS

　船舶自動識別装置（AIS：Automatic Identification System）は、各船舶が、その静的情報、動的情報及び航行関連情報を自動的、定期的に送信し、また、他船により送信されるこれらの船舶情報を常時受信、表示するシステムで、主として船舶同士の衝突予防、船舶の位置管理や運航等に寄与する装置である。

　AISは、旅客船、国際航海に従事する総トン数300トン以上の船舶、

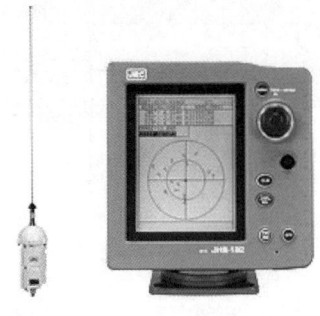

写真2.4　AIS のトランスポンダとディスプレイ

並びに国際航海に従事しない総トン数500トン以上の船舶に装備を義務付けられている。外観は写真2.4に示すとおりである。

### 2.6.7　船舶保安警報装置

船舶保安警報装置（SSAS：Ship Security Alert System）は、海上人命安全条約（SOLAS）において船舶に搭載が義務付けられた機器である。

船舶がテロ攻撃などを受けたときに陸上機関へ通報するための装置で、船上で警報装置を認知してない人に気付かれることなく、警報信号を発することができる必要がある。警報の送信はブリッジを含む2箇所以上の専用ボタンにより行われる。

### 2.6.8　航海情報記録装置

航海情報記録装置（VDR：Voyage Data Recorder）は、国際海事機構（IMO：International Maritime Organization）、海上人命安全条約（SOLAS）で定められた装置である。その機能は、船のブラックボックスとも呼ばれ、衝突・沈没などの海難事故発生の際に本船から回収して、速度・ブリッジ内の会話・VHF通信音声などの航海情報を読み出して、事故原因の究明に活用される。この装置は、SOLASの規定により国際航海に従事する総トン数3,000トン以上の貨物船と旅客船への搭載が義務付けられている。

### 2.6.9　電子海図表示装置

電子海図表示装置（ECDIS：Electronic Chart Display and Information System）は、国際規格で定められた航海援助装置で、各国水路部によって発行される公的な電子海図（ENC：Electronic Navigational Chart）を元にSENCシステム（SENC：System ENC）に変換し、情報を表示する装置である。

ECDISの性能要件の主なものは、次のとおりである。

① SENC情報の全てが表示できること。

② 安全等深線、安全水深を選択でき、強調して表示できること。

③ ENCの更新ができ、正しくSENCにロードされていることを確かめる手段を持つこと。

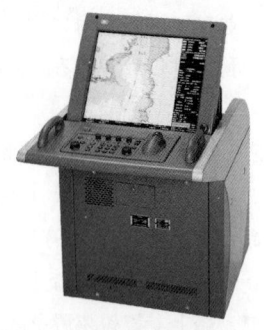

写真 2.5　ECDIS の外観

## 2.6.10　双方向無線電話

　双方向無線電話は船舶が遭難した際、当該船舶とその生存艇間、生存艇相互間及び生存艇と救助船との間で、人命の救助に関わる双方向通信を行うために携帯して使用するVHF帯の無線電話装置である。

　装置は、小型軽量で非常の際に非熟練者でも操作できるように、取扱いが容易な構造となっている（写真2.6）。周波数は、16CH（156.8MHz）、15CH（156.75MHz）及び17CH（156.85MHz）の3波で船上通信にも用いられる。通信方式は単信方式で、電波型式はF3E/G3Eである。

　連続動作時間は、送信6秒、受信定格出力6秒及び待受け48秒で8時間以上である。また、水深1mに耐える防水構造になっている。

写真 2.6　双方向無線電話の外観

　また、他の無線電話装置との区別を容易にするため、筐体には黄色若しくは橙色の彩色又はこれらの色の帯状の表示がなされている。なお、装置は、あらゆる明るさの下においても156.8〔MHz〕の選定が可能となるような構造となっている。

　この設備の運用に当たっては、以下の注意が必要である。

① 16CHは、遭難通信、緊急通信、安全呼出し及び呼出し応答以外には使用しないこと。

② 無線機を使用した後は、必ず電源スイッチをOFFの位置にしておくこと。

③ いつでも使用できるように電池は、常に充電しておくこと。（充電には、専用の充電器を使用すること。）

④ 充電が終了した電池は、充電器から抜いて保管すること。長時間使用しない場合でも2〜3箇月経過した時は再度充電すること。

⑤ 電源はニッケルカドミウム蓄電池やリチウムイオン二次電池が用いられている。また、その有効期限（2年）の確認を行うこと。封を切ると放電状態になるので注意すること。

# 第3章 レーダー

## 3.1 海上用各種レーダー

### 3.1.1 ARPA

自動レーダープロッティング機能付レーダー（自動衝突予防援助装置ともいう。ARPA：Automatic Radar Plotting Aids）は、レーダーからの情報をコンピュータ処理をして、相手船の動きを常時自動的に監視、衝突の危険の度合いを計算、これらのデータを分かりやすい形で表示するとともに、危険な状態になったらそれを警報する等、航行する船舶の衝突を予防する機能を有する装置である。

(1) レーダー情報からの目標の検出

レーダーからの情報（相手船の方位及び距離）を量子化する機能のほか、雑音や船以外の情報を除去する機能等がある。

(2) 目標の追尾

時々刻々に変化する同一目標の位置のデータを、先に検出した目標位置のデータと比較しながら、これが同一の目標であることを判定し、併せて、同一の目標ごとにデータをファイル化する。

(3) 衝突の危険性についての判定

時々刻々変化する同一目標の位置のデータから、目標の速力と針路を算出して衝突の危険性の有無を判定する。

目標の速力と針路が判明すれば、これによって自船に最も近づく点CPA（Closest Point of Approach）と、そこに到達するまでの時間TCPA（Time to CPA）を計算する。

このCPAとTCPAを、あらかじめ自船の状況に応じて設定してある目標の最小最接近点距離（Minimum CPA）及びそこに到達するまでの最小最接近時間（Minimum TCPA）と比較して、衝突する危険があるかどうかを判定する。

メモ ————————————————————————

⑷ 表　　示

上記３種のデータは、最終的には、指示器部の画面上に適切な表示記号で表示され、操船者に伝わらなければならない。

第3.1図に画面上における表示例と、第3.1表にARPAシンボルの説明を示す。

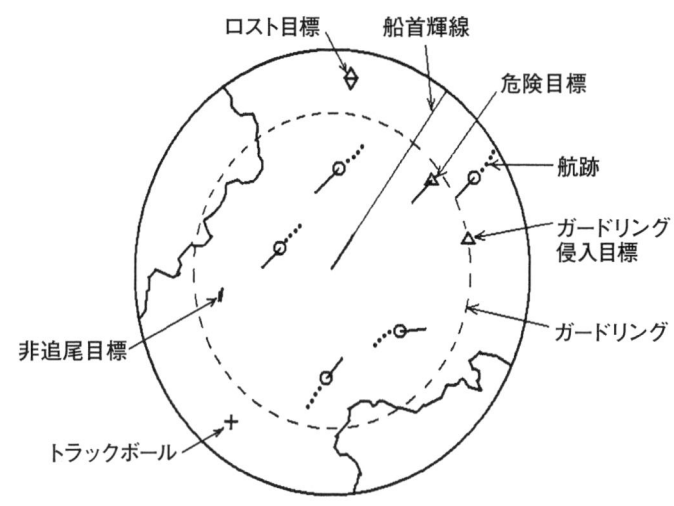

第3.1図　画面上における表示例

第3.1表　ARPAのシンボルについて

| シンボル | 意　　味 | 備　　考 |
|---|---|---|
| ⊙— | 安全目標 | |
| △— | 危険目標 | 警報文字、警報音発生、ベクトルとシンボルは点滅する。 |
| ⬦ | ロストした目標<br>（何らかの原因で追尾ができなくなった時に表示される） | 警報文字、警報音発生、ベクトルは表示されない。シンボルは点滅する。 |
| ▽ | ガードリングに侵入した目標 | 警報文字、警報音発生、シンボルが点滅する。 |
| ⬓ | 初期捕捉マーク | 捕捉後、ベクトル表示されるまでのあいだ表示する。 |
| □ | 数値データが表示されている目標 | 数値表示を指示するとその目標のシンボルが□に変わり目標番号が表示される。ただし、危険目標とロストした目標の場合は該当するシンボルを表示する。 |

### 3.1.2 SART

レーダートランスポンダ（SART＝Search and Rescue Radar Transponder）は、GMDSS（全世界的な海上における遭難及び安全システム）において、船舶が遭難した場合、生存者の発見のために生存艇に1台ずつの設置、また、生存艇と一体でないものは浮く機能が義務付けられており、10〔海里〕の距離にある高さ15〔m〕のアンテナを有する船舶レーダー及び30〔海里〕以上の距離において10〔kW〕のせん頭電力の航空機レーダーによって3000〔フィート〕の高さから質問を受けたとき正しく動作するものと定められている。

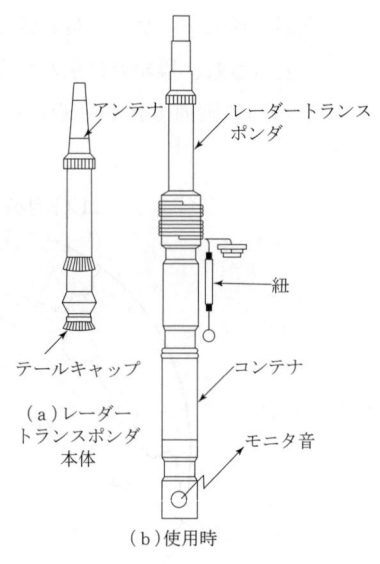

（a）レーダートランスポンダ本体
（b）使用時

第3.2図　レーダートランスポンダの構造

　第3.2図はレーダートランスポンダの構造を示すもので、発射電波は9 GHz帯（掃引周波数範囲：9.2 ～ 9.5〔GHz〕）、実効輻射電力は400〔mW〕以上で、その取扱方法としては、コンテナから引き出し、テールキャップを外してスイッチを投入し、再びテールキャップを付けた状態でコンテナ上に装置すると使用状態となり、正しく動作していることを示す間欠音（ピッピッピッ…）を発する。

　なお、捜索側のレーダー画面には第3.3図のような12の輝点列が表示され、その点列のスコープの中心寄りの最初の一点が遭難者の位置を示す。また、このときレーダートランスポンダ側では、間欠音の変化により捜索船舶又は航空機の接近を知ることができる。また、機種によっては、SARTの底面にあるLEDの点滅により捜索船などの接近を知ることができる。

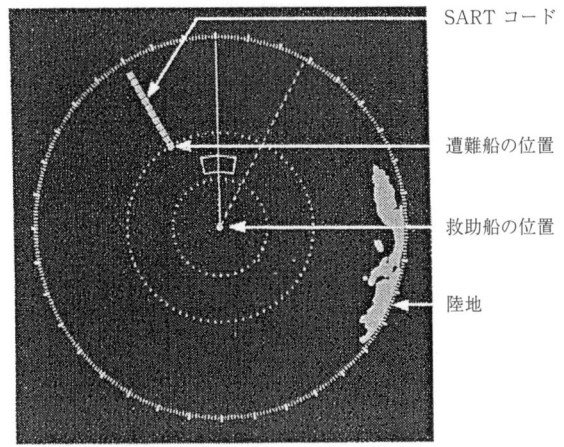

SART コード

遭難船の位置

救助船の位置

陸地

第3.3図　レーダー画面

# 3.2　レーダー装置の概要

　第3.4図はレーダー装置の基本的な構成で、図に示すようにアンテナ、サーキュレータ（一方向の電波のみを通過させ、それと逆方向の電波は通さない非可逆回路素子）、送信部、受信部、同期回路などからなっている。

　発射された電波の通路に、電波を反射する物体があると、そこから電波は反射され、アンテナ、導波管、サーキュレータを経て受信部で検波され、デジタル変換された映像信号となって指示器の液晶ディスプレイに加わる。

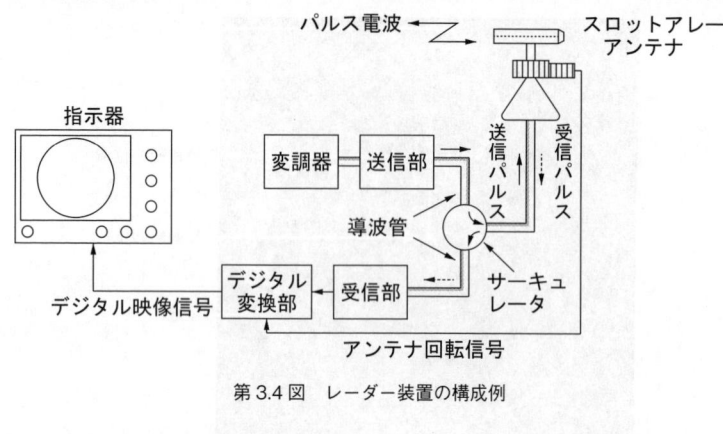

第3.4図　レーダー装置の構成例

### 3.2.1　レーダー装置の操作要領

　第3.5図は、船舶用レーダー装置の例について、操作用つまみ、スイッチ類などの名称を示したものである。

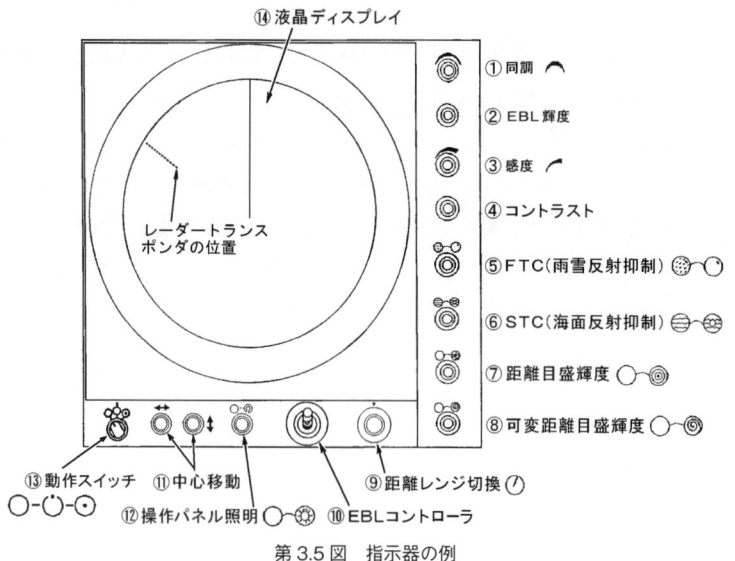

第3.5図　指示器の例

(1) 測定開始の操作

| ⑬ 動作スイッチ |
|---|

電源スイッチである。中央位置のSTAND BYにすると準備状態になり、準備ランプが点灯すれば、右側のONにすることができる。

| ⑨ 距離レンジ切換 |
|---|

レンジを遠距離の位置にする。(同調を取りやすくするため。)

| ① 同　　　調 |
|---|

つまみを回し、物標が最も明瞭に見えるように調整する。

(2) その他必要な操作

| ⑨ 距離レンジ切換 |
|---|

必要な距離レンジにする。

| ③ 感　度(利　得) |
|---|

このつまみは、時計方向で受信機の利得が増加し、物標を観測できる範囲が拡大する。使用距離レンジに応じて最良の映像が得られるように調整する。近距離では、利得を少し下げ、遠距離では、少し高めに調整した方がよい。

| ⑤ 雨雪反射抑制 |
|---|

FTCともいい、雨や雪などからの反射電波が強いとき、このつまみを調整して物標が見えるようにする。

| ⑥ 海面反射抑制 |
|---|

STCともいい、近距離の波浪による反射電波が強いとき、このつまみを調整して物標が見えるようにする。

| ⑩ EBL<br>コントローラ |
|---|

Electric Bearing Line Controlの略語。自船から物標の方位だけでなく、任意の点から任意の方向の輝線を映し出し、そのときの方位も測定できる。

(3) 測定終了の操作

| ⑬ 動作スイッチ |
|---|

左側のOFFの位置にする。

# 第 4 章　空中線系

## 4.1　アンテナとは

アンテナは、空間に電波を**放射**し、また、**放射**されている電波をつかまえる役割をする。

送信に使用するアンテナを送信アンテナ、受信に使用するアンテナを受信アンテナというが、アンテナの特性は、通常送信でも受信でも同じなので、一つのアンテナを送信、受信に共用するのが普通である。第4.1図にその接続例を示す。

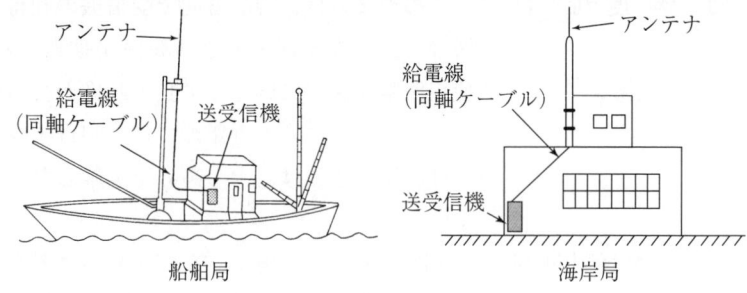

第 4.1 図　アンテナ系

### 4.1.1　アンテナの共振

アンテナは、効率よく電波を放射し、又は受けることができるように調整することが必要である。このように調整することを、アンテナをその電波に**共振**させる又は**同調**させるという。

### 4.1.2　アンテナの等価回路

アンテナは、アンテナの長さによるコイル成分のインダクタンス、アンテナ素子自体と大地間で形成されるコンデンサの静電容量及び素子自体の抵抗の 3 者が組み合わされたものとして表すことができる。

メモ

したがって、アンテナは、第4.2図(b)に示すようにコイルの実効イン
ダクタンス$L_e$とコンデンサの実効容量$C_e$および実効抵抗$R_e$から成る電
気回路に置きかえて考えることができる。

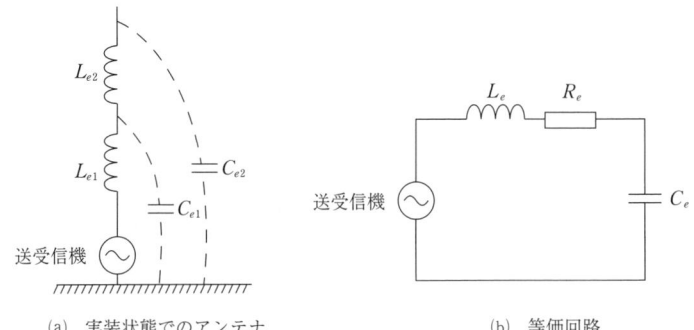

(a) 実装状態でのアンテナ        (b) 等価回路

**第 4.2 図　アンテナの等価回路**

### 4.1.3　アンテナ利得

　送信、受信に使用するアンテナの放射特性が、基準アンテナと比べて
どの程度良くなっているか、あるいは、悪くなっているかを数値で表し
たとき、これをアンテナ利得といい、デシベル〔dB〕で表示する。

### 4.1.4　アンテナの指向性

　アンテナから各方向にどれだけの電波が放射されているかを、電波の
強さの分布で示すものである。また、最大に放射される方向の鋭さを表
すため、ビーム幅については半値幅を用いる。

## 4.2　給電線及び接栓

　アンテナから電波を放射し、また、受けるために送受信機とアンテナを
つなぐ導線を**給電線**という。テレビのアンテナと受像機をつないでいる線
も給電線である。

　給電線としては、平行二線式給電線、同軸ケーブル又は導波管が使用される。このうち、平行二線式給電線は短波帯の周波数、導波管はSHF帯以上の周波数でそれぞれ使用されている。

　無線機器に多く使われている給電線は、第4.3図のような**同軸ケーブル**である。

### 4.2.1　同軸ケーブル

　給電線として第4.3図に示すような内部導体を同心円の外部導体で取り囲み、絶縁体を挟み込んだ構造の同軸ケーブルが広く用いられている。実用されている同軸ケーブルの一例を写真4.1に示す。

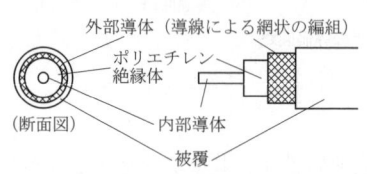

外部導体（導線による網状の編組）
ポリエチレン絶縁体
（断面図）
内部導体
被覆

第4.3図　同軸ケーブルの構造

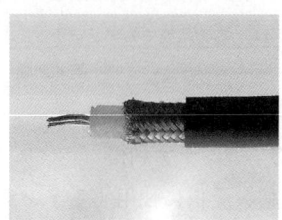

写真4.1　同軸ケーブルの一例

　同軸ケーブルには次のような特徴がある。

① 　特性インピーダンスが50〔Ω〕と75〔Ω〕の2種類が広く利用されている。

② 　導波管と比較すると損失が多く、損失は周波数に比例して大きくなる。

③ 　太さや特性の異なる多くの種類が市販されており、用途に合わせて選択することができる。

④ 　整合状態で用いられている同軸ケーブルからの電波の漏れは非常に少ない。

⑤ 　周辺の雑音を拾い難い。

⑥ 　柔軟性があり、取り扱いが容易である。

⑦ 　使用している絶縁体によって高周波信号の伝搬速度が遅くなる。

⑧ 上記⑦の遅くなる割合の指標の一つである短縮率は、ポリエチレンの場合で0.68程度である。

　規格が異なる多種多様の同軸ケーブルが製品化されており、使用に際しては部品番号などを確認する必要がある。また、多くの同軸ケーブルは内部導体と外部導体の絶縁物として誘電体を用いているので信号の損失や位相の遅れを伴う。このため、整備などで交換する場合は、決められた部品番号及び指定された長さのものを使用しなければならない。特に、アレーアンテナの給電や位相調整に用いられている同軸ケーブルは、メーカ指定の純正部品を使用する必要がある。

## 4.2.2　同軸コネクタ（同軸接栓）

　同軸ケーブルを送受信機やアンテナに接続する際に用いられるのが同軸接栓（同軸コネクタ）である。写真4.2に示すような形状の異なる同軸コネクタが用途に応じて使い分けられる。なお、形状が異なると互換性が得られないので、送受信機やアンテナ側のコネクタの形状に合う同軸コネクタを用いる必要がある。また、同軸ケーブルの直径に適合する同軸コネクタを使用しなければならない。なお、インピーダンスは使用機器及びアンテナのインピーダンスと同じ又は近いものでなければならない。

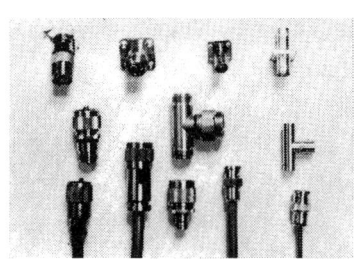

写真 4.2　各種同軸コネクタ

### 4.2.3 平行二線式給電線

　同軸ケーブルが非常に高価であった時代にHF帯やMF帯の信号を伝送するために平行二線式給電線が用いられた。 また、特性インピーダンスが200〔Ω〕や300〔Ω〕の平行二線式ケーブルがテレビの受信用として一般家庭で用いられたことがある。現在では同軸ケーブルが主流となり、このような平行二線式給電線の使用は極めて限定的となっている。

　平行二線式給電線による給電には次のような特徴がある。

① 　HF帯以下の周波数では同軸ケーブルと比べて損失が少ない。

② 　給電線からの電波の漏れが多い。

③ 　周囲の雑音を拾いやすい。

④ 　特性インピーダンスとして、200/300/600〔Ω〕のものが用いられることが多い。

### 4.2.4 導波管

　SHF帯では給電線に同軸ケーブルを用いると損失が大きくなるので、給電線の距離が長い場合やレーダーのように電力が大きい場合は、送受信機とアンテナ間の信号伝送に導波管と呼ばれる写真4.3に示すような中空の金属管が用いられることが多い。

　同軸ケーブルと異なり、しゃ断周波数と呼ばれる周波数より低い周波数の電波は導波管内を伝搬することができない。

写真 4.3 導波管

## 4.3　海岸局及び船舶局用アンテナ

アンテナは、その使用周波数帯や目的によって、その特性や形状も異なる。その中には、アンテナからあらゆる方向へ電波が伝わるようにした**全方向性アンテナ**（無指向性アンテナ）と、特定の方向の地点と通信を行う場合に使用する**指向性アンテナ**がある。

### 4.3.1　無線電話等のアンテナ

船舶等の移動体は、通信の相手となる船や海岸局などの方向が一定していないので、ほとんど全方向性アンテナが使用されている。

現在、海岸局及び船舶局において多く使用されているアンテナは、第4.4図のようなアンテナである。これらのアンテナは、使用する電波の波長のほぼ1/4か1/2の長さに設計されている。

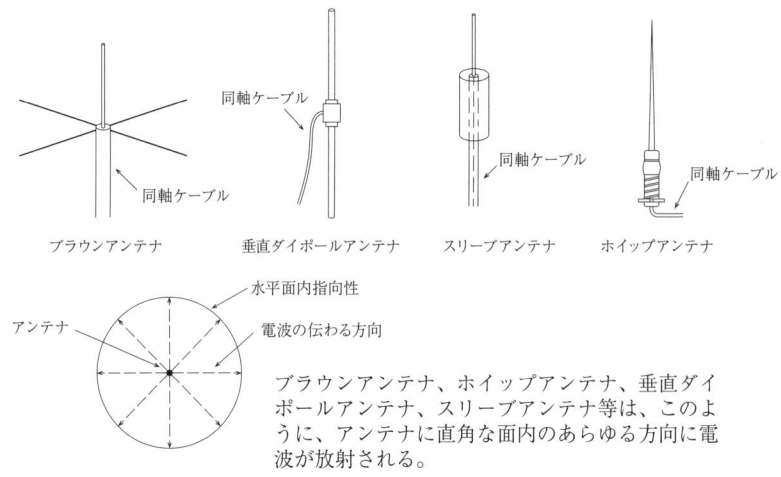

ブラウンアンテナ　　垂直ダイポールアンテナ　　スリーブアンテナ　　ホイップアンテナ

ブラウンアンテナ、ホイップアンテナ、垂直ダイポールアンテナ、スリーブアンテナ等は、このように、アンテナに直角な面内のあらゆる方向に電波が放射される。

第4.4 図　各種アンテナ

### 4.3.2　レーダーのアンテナ

レーダーでは、アンテナを回転（毎分10〜30〔回〕程度）させて使用するために、**スキャナ**（「走査するもの」という意味）ともいい、一般には、一つのアンテナを送信と受信に共用している。

レーダーでは、方位を測るため及び最大探知距離を確保するために、指向性の鋭いアンテナを用いる。

レーダーアンテナに必要な指向性について挙げると、次のとおりである。

① 水平面内指向性が鋭いこと。

　ビーム幅は狭いほど、近接する複数の目標でも分離して識別することができる。また、同じ送信電力の場合には、目標にエネルギーが集中することになるので、大きなエコーが返ってくることになるため、目標の探知が容易である。

② 垂直面内指向性は鋭くない。

　第4.5図のように、船のレーダーは、波が荒くなるとローリング(横揺れ)によって目標を見失うおそれがある。これを防ぐために、垂直面内のビーム幅は15〜25°程度に広くしている。

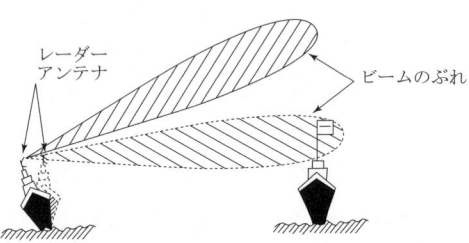

第4.5図　船舶の動揺のため目標を見失う場合

③ サイドローブは、できるだけ抑制すること。

　サイドローブが強いと、偽像を生じて映像の判別が困難になるので、主ローブよりできるだけ弱くなるように抑制する必要がある。

　レーダーに実用されているアンテナとしては、第4.6図のように、方形導波管に$\dfrac{\lambda_g}{2}$（$\lambda_g$は管内波長）の間隔で数十個から数百個のス

ロット（「細い溝」の意味）を互いに異なる向きに切り、導波管の中を伝搬する電磁波を、スロットから直角方向に鋭いビームとして放射するようにした**スロットアレーアンテナ**がある。

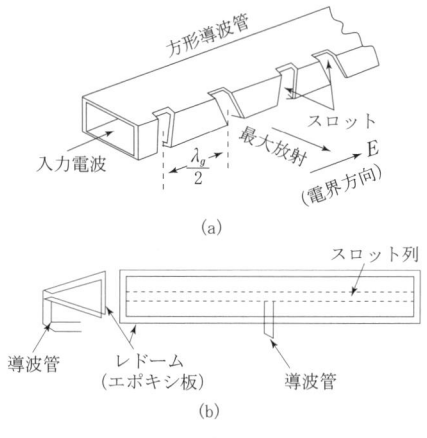

(a)

(b)

このアンテナは次に挙げるような特徴がある。

① 水平面内指向性が鋭く、サイドローブも小さい。

(c)

第4.6図　レーダー用スロットアレーアンテナ

② 形状が小さく軽量で、風圧が少ない。

このアンテナは、防水、防じん、塩害防止、強度補強のため、誘電体のレドーム（レーダードーム：「レーダーの円がい」の意味を略した用語。）で前面を覆ったものが使われている。（写真4.4）

写真 4.4

# 第５章　電波伝搬

## 5.1　電波の伝わり方

　地球の上空には、**電離層**と呼ばれる電子密度が周囲より高い複数の層がある。この電離層は、電波を**吸収**したり、**屈折**させたり、また、**反射**したりする性質をもっている。はっきりした境界はないが、電離層は、地表に近い層から、**D層**、**E層**及び**F層**と呼ばれている。

　アンテナから放射された電波は、第5.1図のように、地表に沿って伝わる地表波や、大地で反射して伝わる**大地反射波**、また、送信アンテナから受信アンテナまで直接伝わる**直接波**もあれば、電離層で反射してくる**電離層波**もある。また、電離層がもっている性質によって、電波は、様々な伝わり方をする。

　通常、MF帯では地表波（夜間には電離層波も生じる。）、HF帯では電離層波、また、VHF帯では直接波がそれぞれ使用されている。

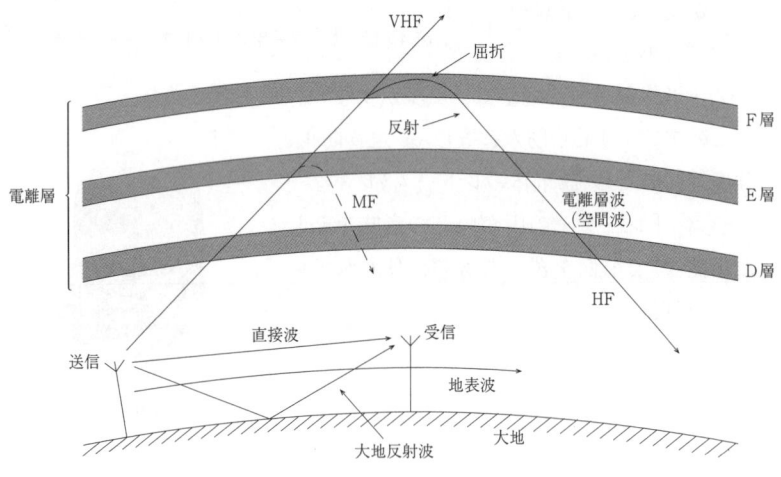

第 5.1 図　電波の伝わり方

メモ

## 5.2 HF及びVHFの伝わり方

### 5.2.1 HF帯の伝わり方（3 - 30〔MHz〕）

　HF帯は、電離層波が主体で、第5.2図のようにF層で反射して、地上に戻ってくる性質があり、遠距離通信に適している。

　しかし、電離層の状態は、昼間と夜間又は季節等によって変化するため、一つの周波数では、長時間にわたって安定した通信ができない。

　したがって、使用する周波数を変える必要がある。

　このように、HF帯は、衛星通信が普及するまでは、遠洋航海に出掛けている船舶との通信には、かかせないものであった。

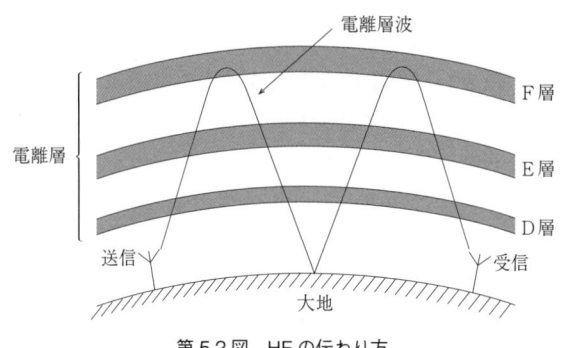

第5.2図　HFの伝わり方

### 5.2.2 VHF帯及びUHF帯の伝搬（30 - 300〔MHz〕、300〔MHz〕- 3〔GHz〕）

　VHF帯及びUHF帯では、地表波はすぐ減衰してしまい、また、電離層も突き抜けてしまって地上に戻ってこないので、第5.3図に示すように、主に直接波による見通し距離内の通信に用いられる。このため、送信及び受信アンテナは高いほど有利であり、利用できる距離が長くなる。

　しかし、VHF帯及びUHF帯は、山岳などによって回折したり、ビルなどの物体で

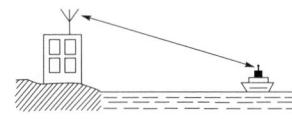

第5.3図　VHFの伝わり方

反射するので、見通し距離外へ伝搬することがあり、あるいは大気中に
ラジオダクトと呼ばれる電波を通す管ができる現象により異常伝搬し、
見通し距離外に伝わることがある。また、対流圏で電波が散乱されるこ
とによっても見通し距離外に伝わることもある。

　VHF帯は高度100〔km〕付近に夏季に多く発生することがあるEs層
（スポラジックE層）と呼ばれる電離層で反射したり、比較的低い方の
周波数が電離層散乱により見通し距離外へ伝わることがある。

### 5.2.3　SHF帯の伝搬（3−30〔GHz〕）

　SHF帯の伝搬は、主として見通し距離内に限られる。衛星通信では、
地上の通信に比べて距離が長いため伝搬損失が極端に大きく、さらに、
対流圏における酸素及び水蒸気の分子による吸収に加え、雨などによる
散乱を受けて減衰し、衛星からの電波は極めて微弱となり、宇宙雑音の
影響もあるため、地上側では高利得の受信アンテナと低雑音増幅器を、
また送信には大電力増幅装置を用いて、その損失を補償している。

# 第6章　混信等

## 6.1　混信の種類及び混信の対策

### 6.1.1　混信妨害

　無線通信設備は、電波を放射し受信することから通信の相手方以外の無線局に妨害を与えたり、別の目的に使用されている電波を受けることがある。したがって本来、円滑に行われるべき交信に支障を来す場合があり、これを混信妨害といっている。

　現代社会では、電波の利用量が増大しその内容も多様化している。それに伴い電波を利用する上での混信・妨害も増大しその原因も複雑化している。

　混信妨害の原因には次のようなものが上げられる。

①　不法無線局による妨害。

②　希望する受信周波数に隣接した周波数で強力な空中線電力で運用する無線局による妨害。

③　周波数の割り当てが我が国と相違する外国局の無線局からの妨害。

　海上における通信の混信妨害等としては、海上又は陸上からの近接周波数の混信妨害、同一海域に多数の船舶が集中した場合のチャネル不足による通信の輻輳、VHF帯の異常伝搬等による混信がある。

### 6.1.2　混変調

　高周波増幅器や周波数変換器の非線形性により、受信機の通過帯域外に強力な妨害波があるとき、希望波がこの妨害波の信号波により変調を受ける現象である。AMやSSB方式の振幅変調受信機で発生しやすい。FM方式ではリミッタにより振幅変調成分は取り除かれるので影響が少ない。

メモ

### 6.1.3　相互変調

受信機の通過帯域外にある二つ以上の強力な妨害波が受信機に入り、妨害波相互の変調積により、その周波数が希望波または中間周波数と一致すると妨害を受ける現象である。

### 6.1.4　感度抑圧効果

受信機の入力回路や周波数変換器に、希望波に近い周波数の強力な妨害波が入ると回路が飽和現象などを起こし、希望波の出力レベルが低下（抑圧される）する現象である。

### 6.1.5　影像周波数混信

スーパヘテロダイン方式の受信機で使用される中間周波数（IF：Intermediate Frequency）を $f_0$、希望信号の周波数を $f$ とした場合、$f \pm 2 \times f_0$ を影像周波数という。

この影像周波数に相当する妨害波があるとき、受信機出力に混信となって現れる。

影像周波数の混信対策としては、高周波増幅回路の数を増やし選択度を高めたり、二重、三重スーパヘテロダイン方式により第一中間周波数を高く設定したりすることなどである。

### 6.1.6　スプリアス発射

無線通信装置のアンテナから発射される電波には、スプリアスと呼ばれる必要周波数帯域外の不要な（目的外の）成分が含まれている。

主なスプリアスには次のようなものがある。

① 低　調　波……送信周波数の整数分の1の不要波

② 高　調　波……送信周波数の整数倍の不要波

③ 寄 生 発 射……低・高調波以外の不要波

④ 相互変調積……二つ以上の信号によって生成される不要な成分

スプリアスの発射は、他の無線局が行っている通信に妨害を与える可能性があり、そのレベルは、少なくとも法で定められている許容値内で、更に可能な限り小さな値にしなければならない。

### 6.1.7 外部雑音

受信機の出力に現れる雑音は、受信機内部で発生する内部雑音とアンテナから希望波と共に入ってくる外来（外部）雑音がある。

外部雑音の発生原因は、各種電気設備（高周波ミシン、送電線、自動車）、機械器具（発電機、電気ドリル）等から発生する雑音電波である。

これらの雑音を防止するには、受信機側で次に述べる対策を行うことが必要である。

① 送受信機のきょう体の接地を完全にする。

② 発電機の雑音は、ブラシ部分の花火放電によるので、整流子やブラシを十分に清掃する。

③ 送電線などからの雑音源に対しては、アンテナを送電線から遠ざける。

### 6.1.8 混信対策

① 電波法に違反した無線設備を使用しない。

② 無線設備を設置するときは、場所・位置等に留意する。

③ 通常、業務遂行上、必要最低限の空中線電力で運用する。

④ 不要な電波の発射は極力抑える。

⑤ 可能な限り占有周波数帯幅は狭くする。

⑥ 固定通信の場合は、指向性アンテナを使用する。

⑦ 必要によりアンテナ系にフィルタを挿入する。

⑧ 選択度特性の良好な受信機を使用する。

# 第7章　電　源

## 7.1　電源回路

　送信機や受信機を働かせるのに必要な電力を供給するための装置を電源という。または、その電力を電源と呼ぶことがある。

　船舶の送受信機に使用する電源は、ほとんど直流である。したがって、交流100〔V〕の電源を使用する場合は、**変圧器**を用いて必要な電圧にした後、直流に変換して機器類の電源として取り出す。このとき、交流を直流に変える装置を**整流器**というが、この段階ではまだ電圧変化の大きい直流なので、更に**平滑回路**（第7.1図）を通すことにより電圧変化の少ない直流にする。

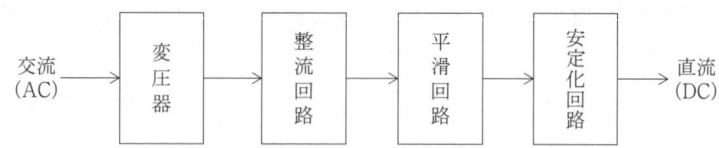

第7.1図　直流電源（DC電源）装置の構成概念図

　また、最初から直流の電源しか得られない場合に、高い又は低い電圧を必要とするときは、後述するコンバータやインバータを使って必要な電圧を取り出す。

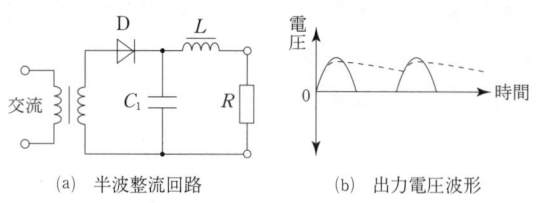

(a)　半波整流回路　　　　　　(b)　出力電圧波形

第7.2図　平滑回路の一例

メモ

### 7.1.1　コンバータ

DC－DCコンバータは、直流の電圧（例えば、12〔V〕、24〔V〕の蓄電池）を直流の高い又は低い電圧に変える装置で、移動局のように交流電源が使用できない場合に高圧電源として多く使用されている。

### 7.1.2　インバータ

インバータは、直流電圧を交流電圧に変える装置である。

# 7.2　電　池

### 7.2.1　電池の種類、容量、充放電

電池は、直流の電気を蓄えておき、必要なときに送受信機へ直流電力を供給する（**放電**するという。）ことができる。

電池には、一度使い切ると使えなくなる乾電池（**一次電池**）と、電気が減ってきたら電気を補い（**充電**という。）、何度も使用できる**蓄電池**（二次電池）がある。

また、蓄電池から取り出すことができる電気の量を蓄電池の**容量**といい、放電する電流の大きさと、放電できる時間の積で表し、その単位には、**アンペア時**〔Ah〕が用いられる。

例えば、100〔Ah〕といえば、10時間連続して10〔A〕の電流で放電できる蓄電池の容量をいう。

### 7.2.2　電池の接続方法

電池の接続には、直列接続と並列接続がある。高い電圧を必要とするときは、第7.3図のように、隣の電池と⊕と⊖の電極を順次接続すればよく、このような接続方法を**直列接続**という。

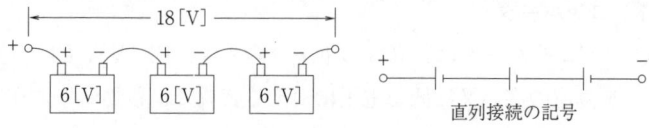

第 7.3 図　電池の直列接続

　また、大きな電流を必要とするときは、それぞれの電池を第7.4図のように接続すればよく、このような接続方法を**並列接続**という。この場合、電圧の異なる電池を接続してはならない。全て同じ電圧の電池を接続すること。

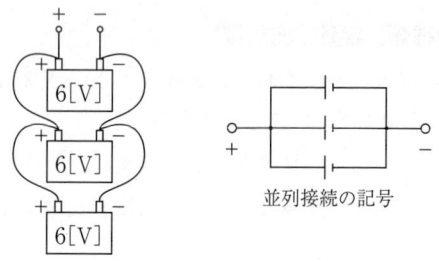

第 7.4 図　電池の並列接続

### 7.2.3　蓄電池の浮動充電

　蓄電池は、充電された状態で使用するのが普通であるが、第7.5図のように、電池を充電しながら送受信機へ電力を供給する方法を、**浮動充電**又は**フローティング**という。

　この方法は、送受信機へ供給する電圧の変動が少なく、一時的であれば大きい電流を蓄電池で補うことができるという利点があるので、船舶局では広く使用されている。

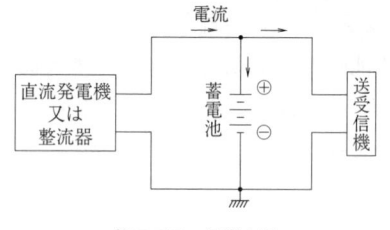

第 7.5 図　浮動充電

# 第8章　点検及び保守

　無線局の運用を効率よく行い、かつ、正常な状態を維持するためには、無線設備を定期的に点検し、障害を未然に防止することが必要である。これを定期保守という。もし障害が発生したら、これを正常な運用ができるよう速やかに修理しなければならない。

## 点 検 項 目

(1)　機器の設置環境

　　①　周辺温度・湿度

　　②　清掃状況

　　③　機械室の整理・整頓

　　④　保守用工具・予備部品・消耗品

(2)　アンテナ系

　　①　アンテナ及び給電線が正常であるか。また、これらを接続するコネクタが正常か。（目視による。）

　　②　給電線とアンテナとの整合が適正であるか。（アンテナ電流計又はSWR計等による。）

(3)　電源系

　　①　整流器、無停電電源装置等の入出力電流及び電圧

　　②　蓄電池の接続箇所及び端子電圧、電解液の状態

　　③　配電盤のジャック及び端子板

　　④　予備電源の動作

(4)　送受信機

　　①　装置に付属のチェックメータによる確認（各部の電流、電圧）

　　②　各種表示ランプ、警報ランプの確認

　　③　マイク及び外付スピーカの接続の確認

　　④　冷却用ファンの確認（特にフィルタの目づまり）

　　⑤　周波数計及び電力計による周波数及び空中線電力の確認

メ モ ────────────────────────────────

平成24年1月20日　初版第1刷発行
令和6年4月25日　5版第1刷発行


第三級海上特殊無線技士

# 法 規 ・ 無 線 工 学

（電略 トテ）


発行　一般財団法人 情報通信振興会

〒170-8480　東京都豊島区駒込2－3－10
販売　電話　03（3940）3951
編集　電話　03（3940）8900
　　　URL　https://www.dsk.or.jp/
　　　振替口座　00100－9－19918
　　　印刷所　船舶印刷株式会社

ISBN978-4-8076-0991-8 C3055 ¥1300E